계속 계속 하고 싶은 과학·미술 놀이

STEAM 100

지은이 **앤드리아 스칼조 이**

앤드리아 스칼조 이는 레이징드래건스(www.raisingdragons.com)의 설립자이자 운영자이다. 앤드리아는 이 사이트를 통해 아이들과 놀면서 교육시키는 간단한 방법을 알려 주며 여러 부모와 교육자에게 영감을 주고 있다. 아내이자 열정적인 네 아들의 어머니이며 패션과 엔지니어링 경력을 갖고 있는 앤드리아는 STEAM 활동에 대한 열정을 갖고 레이징드래건스를 만들었다. 이 사이트에서는 아이들이 재미있게 배울 수 있는 간단한 교육 활동을 부모와 교육자와 나누고 있다. 레이징드래건스는 굿하우스키핑Good Housekeeping, 허스트디지털미디어Hearst Digital Media, 브릿플러스코Brit+Co에서도 소개되었으며, 페이스북, 인스타그램, 핀터레스트, 유튜브 등의 플랫폼에서 85만 명 이상의 팔로어를 모았고 이곳의 동영상은 1억 회 이상의 조회 수를 기록했다.

옮긴이 **오수원**

서강대학교 영어영문학과 학부와 대학원을 졸업했다. 현재 파주출판도시에서 동료 번역가들과 '번역인'이라는 공동체를 꾸려 활동하면서 인문, 과학, 정치, 역사, 예술 등 다양한 분야의 영미권 양서를 우리말로 옮기고 있다. 『문장의 일』, 『조의 아이들』, 『데이비드 흄』, 『처음 읽는 바다 세계사』, 『현대 과학·종교 논쟁』, 『포스트 캐피털리즘』, 『세상을 바꾼 위대한 과학실험 100』, 『쌍둥이 지구를 찾아서』, 『비』, 『잘 쉬는 기술』, 등을 번역했다.

계속 계속 하고 싶은 과학·미술 놀이

STEAM 100

4-10세를 위한 아이 주도 창의 융합 놀이

앤드리아 스칼조 이 글 · 오수원 옮김 · 남호영 감수

 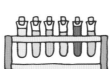   

솔빛길

차례

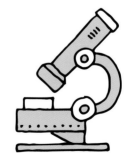

제7장
사계절 STEAM 놀이

제8장
STEAM 감각 놀이

들어가는 말

"엄마, 심심해! 이제 뭐 할까?"

많이 들어 본 말이죠? 우리 집에서도 그랬어요. 그래서 아이들과 함께 간단한 STEAM(스팀) 놀이를 시작하게 됐죠. 이런 놀이가 너무 재미있어서 저는 레이징드래건스(raisingdragons.com)라는 사이트를 만들어 우리가 했던 놀이를 다른 사람과 공유하기 시작했어요. 사이트에 올린 동영상에 대한 반응은 폭발적이었어요. 수백만 명의 사람들이 아이들과 함께 할 놀이를 위한 간단한 아이디어를 찾고 있다는 사실을 금방 알 수 있었죠. 그래서 쉽고, 안전하고, 간단한 놀이를 알려 드리기 위해 이 책을 썼어요. 이 책에 소개한 활동은 집에 있는 물건으로 쉽게 할 수 있고, 커터 칼이나 글루건을 쓰지 않아 안전하고, 몇 분이면 간단히 준비 할 수 있어요.

STEM(스템)/STEAM(스팀)은 뭘까요? 그리고 왜 중요할까요? 우선, STEM은 과학(Science), 기술(Technology), 공학(Engineering), 수학(Mathematics)의 머리글자로, 각각의 과목에 초점을 맞추기보다는 모든 과목을 통합하는 것입니다. 스팀 활동은 아이들의 호기심을 자극해요.

이 활동을 통해 실험하고 질문하고 예측하면서 화학, 힘, 운동 같은 개념을 즐겁게 배울 수 있죠. 그리고 비판적 사고와 문제 해결 같은 중요한 삶의 기술을 터득할 수 있고, 나아가 배움에 대한 열정과 내 주변 세계가 어떻게 돌아가는지에 대한 타고난 호기심을 발전시킬 수 있어요. 또한 아이들은 신나는 경험을 하면서 스팀이 실제로 세상에 어떻게 적용되는지 살짝 엿볼 수 있게 되죠.

STEAM은 STEM에 예술(Art)을 더한 거예요. 저는 예술이야말로 이 방정식에서 가장 중요한 부분이라고 생각해요. 뭔가를 만들고 문제 해결 방법을 배우는 것뿐만 아니라 창의적이고 디자인 중심적인 사고방식을 익히는 것도 중요하니까요. 나무의 아름다움이나 계절에 따라 변해 가는 나뭇잎의 색을 잠시 감상할 수 없다면 계절의 변화를 배우는 것이 무슨 재미가 있을까요?

용암 램프(22쪽)와 춤추는 포도(31쪽)부터 아이스크림 막대 투석기(60쪽)와 마시멜로 이글루(164쪽)까지, 번뜩이는 아이디어가 필요할 때, 재미있는 활동을 하고 싶을 때 가장 먼저 들춰 보는 책이 되었으면 합니다.

— 앤드리아 스칼조 이

제1장
호기심 폭발!
간단한 과학 실험

간단한 재료로 집에서도 쉽게 할 수 있는 과학 실험을 단계별로 따라 해 보세요. 우리 집이 과학실로 바뀐답니다. 실험을 하면서 아이들의 호기심을 자극하고, 기초적인 과학 개념도 자연스럽게 배울 수 있습니다. 달걀, 재활용 유리병, 식용유와 같은 일상 속의 재료로 간단하게 실험하며, 가족과 즐거운 시간도 보내고 과학과도 친해질 수 있어요. 준비됐나요? 시작해 볼까요

1. 면도 크림 비구름

간단하고 재미있는 과학 실험으로 날씨의 개념에 대해 배워 볼까요? 식용 색소를 면도 크림에 떨어뜨리면 면도 크림을 지나 물속으로 떨어질 거예요. 이 과정을 유심히 지켜보세요. 아주 재미있을 거예요. 아마 이 실험을 자꾸자꾸 해 보고 싶어질 지도 몰라요. 절대 싫증 나지 않아요!

준비물

- 투명 유리병 1개
- 물
- 면도 크림
- 액상형 식용 색소(또는 물감)
- 스포이트

  ★ 물감을 물에 타서 사용하세요

이렇게 해 보세요!

❶ 투명 유리병에 물을 $\frac{3}{4}$ 정도 부은 다음, 나머지 부분은 면도 크림으로 채우세요.

❷ 면도 크림 위에 여러 가지 색의 식용 색소를 몇 방울 떨어뜨리세요.

 이렇게도 할 수 있어요!

- 작은 구름과 큰 구름을 만들어 보세요. 색소가 큰 구름을 통과 할 때와 작은 구름을 통과할 때를 비교해 보세요. 어느 쪽이 더 오래 걸리나요?

- 여러 가지 색으로 구름을 만들어 보세요. 예를 들어 파란색과 노란색을 섞으면 초록색 비가 내리게 돼요.

 어떻게 될까요?

식용 색소가 면도 크림 구름을 통과하면서 물속으로 떨어지는 모습을 볼 수 있을 거예요. 색이 구름을 통과하는 데 시간이 너무 오래 걸린다면 구름이 너무 크기 때문이에요. 이럴 때는 구름에 물을 조금 부어 구름을 무겁게 만들어 보세요. 그럼 얼마 지나지 않아 아름다운 색의 줄무늬가 물속으로 떨어지는 모습이 보일 거예요.

 왜 그럴까요?

'구름' 속에 물이 너무 많아져서 구름이 물을 품고 있기 버거워지면, 물을 '대기'로 내보내요. 이것이 '비'가 되어 땅에 내리는 거죠.

2. 소금물에 둥둥 뜨는 달걀

밀도가 무엇인지 알 수 있는 간단한 과학 실험이에요. 달걀이 물에 뜨려면 물의 밀도를 어떻게 바꿔야 하는지 함께 알아볼까요?

어른의 도움이 필요해요

준비물

- 유리컵 2개
- 물 2컵(480 mL)
- 날달걀 2개
- 소금 3큰술(54 g)

이렇게 해 보세요!

① 첫 번째 유리컵에 물(240 mL)을 채우세요.

② 그 유리컵에 달걀 하나를 조심스럽게 넣고 바닥으로 가라앉는 모습을 살펴보세요.

③ 두 번째 유리컵에는 소금을 넣고 물(240 mL)을 채운 뒤 잘 섞어 주세요.

④ 소금이 물에 섞이면 두 번째 달걀을 두 번째 유리컵에 넣으세요.

이렇게도 할 수 있어요!

달걀이 유리컵 가운데에 떠 있도록 소금의 양을 조절해 보세요.

 어떻게 될까요?

두 번째 컵에서는 달걀이 떠 있는 모습을 볼 수 있을 거예요!

 왜 그럴까요?

'밀도'란 단위 부피에 대한 질량의 크기를 말해요. 부피가 같은데 무거우면 밀도가 크다고 하고, 가벼우면 밀도가 작다고 해요. 날달걀의 밀도는 물보다 약간 크기 때문에 물이 든 컵에 넣으면 바닥으로 가라앉아요. 소금을 넣어 물을 더 무겁게(빽빽하게) 만들면 달걀은 소금물에서 뜨게 돼요. 달걀이 소금물보다 가볍기 때문이죠.

3. 병 속에서 일어나는 물의 순환

물이 액체에서 기체로 바뀌고(증발) 기체가 다시 액체로 돌아가는(응결) 과정을 보여주는 멋진 실험이에요. 물이 증발해 하늘로 올라가 구름이 되고 마침내 다시 땅으로 떨어지는 과정(비)과 비슷하죠.

준비물

- 물 $\frac{1}{2}$ 컵(120 mL)
- 뚜껑이 있는 투명 물병 1개
- 액상형 식용 색소(없어도 괜찮아요.)
- 사인펜

이렇게 해 보세요!

❶ 병에 물을 붓고 식용 색소 몇 방울을 떨어뜨리세요(식용 색소가 없으면 넣지 않아도 괜찮아요.).

❷ 사인펜으로 병에 파도, 구름, 태양 등을 그립니다.

❸ 뚜껑을 닫고 햇빛이 잘 드는 곳에 두세요.

이렇게도 할 수 있어요!

플라스틱병 대신 지퍼 백으로 실험할 수 있어요. 지퍼 백에 물을 넣고 햇빛이 잘 드는 창문에 테이프로 붙여 보세요.

어떻게 될까요?

조금 기다리면 병 위쪽에 물방울이 나타나는 모습을 볼 수 있어요. 물방울이 많이 생기면 위쪽의 물방울이 떨어지기 시작해 아래쪽에 있는 물과 합쳐집니다. 이것이 바로 물의 순환이에요!

왜 그럴까요?

태양열에 데워진 물은 증발하기 시작해 수증기로 변합니다. 위로 올라온 수증기는 병 윗부분에서 모여 물방울로 변해요. 구름이 만들어지는 과정과 비슷하죠? 물방울이 너무 무거워지면 다시 병의 바닥으로 떨어져요. 이건 구름이 수증기를 비의 형태로 내보내고 비가 다시 땅으로 떨어지는 것과 비슷해요.

4. 액체 밀도 탑

액체마다 밀도가 다르다는 사실을 알고 있나요? 밀도가 다르다는 것은, 어떤 액체는 다른 액체보다 무겁다는 뜻이에요. 액체를 층층이 쌓아서 무지개색 액체 밀도 탑을 만들어 액체마다 밀도가 어떻게 다른지 알아볼까요?

준비물

- 작은 그릇 2개
- 물*
- 빨간색 액상형 식용 색소
- 소독용 알코올*
- 초록색 액상형 식용 색소
- 투명 용기 1개
- 꿀*
- 옥수수 시럽*
- 식물성 기름*
- 유리구슬 1개
- 방울토마토 1개
- 플라스틱 구슬 1개
- 탁구공 1개

  ★ 투명 용기에 각각 3cm 두께의 층을 만들기 위해 서는 별표* 표시된 액체가 넉넉히 있어야 해요.

이렇게 해 보세요!

① 작은 그릇에 물과 빨간색 식용 색소 몇 방울을 넣어 섞으세요.

② 다른 작은 그릇에 소독용 알코올과 초록색 식용 색소 몇 방울을 넣어 섞으세요.

③ 꿀, 옥수수 시럽, 빨간색 물, 식물성 기름, 초록색 소독용 알코올 순서로 투명 용기에 재료를 천천히 넣으세요. 재료가 조금 섞이더라도 걱정하지 마세요. 몇 초 후에 층이 분리될 테니까요.

 어떻게 될까요?

액체를 모두 넣은 뒤에는 분명하게 분리된 층이 보일 거예요. 이제 고체 물질을 넣을 준비가 되었네요! 유리구슬, 방울토마토, 플라스틱 구슬, 탁구공 같은 물체를 넣어보세요. 물체의 밀도에 따라 각각 다른 색의 층에 뜨게 될 거예요. 액체 탑의 어느 층에 뜰지 혹은 가라앉을지 미리 생각하고 관찰해 보세요.

 왜 그럴까요?

액체마다 밀도가 달라요. 옥수수 시럽과 꿀처럼 무거운 액체는 바닥으로 가라 앉고, 소독용 알코올과 식물성 기름처럼 가벼운 액체는 위로 떠올라요. 고체도 밀도가 있기 때문에 액체 탑에 넣으면 밀도가 비슷한 액체 속에 떠 있거나 가라앉게 됩니다. .

💡 이렇게도 할 수 있어요!

- 집에서 쉽게 구할 수 있는 우유나 주방용 세제 등 다른 액체를 추가해서 밀도 탑의 어느 층으로 가는지 확인해 보세요.

- 밀도 탑의 액체를 저어서 여러 액체가 쉽게 섞이고 분리되는지 살펴보세요.

- 다른 고체 물질도 넣어서 뜨는지 가라앉는지 어느 층에 가는지 알아보세요.

5. 소금으로 얼음 낚시

소금과 끈으로 얼음을 들어 올릴 수 있다는 것을 알고 있나요? 불가능한 것 같지만 가능하답니다. 간단한 실험을 하며 물의 녹는 점에 대해 알아보아요.

준비물

- 그릇 1개
- 차가운 물
- 각 얼음 1개
- 굵은 면 끈(30 cm)
- 굵은 소금

이렇게 해 보세요!

① 차가운 물을 그릇에 가득 채우세요.

② 물에 얼음을 넣고 끈을 얼음 윗면에 가로질러 놓으세요.

③ 얼음과 끈 위에 소금을 뿌리세요.

④ 20초 정도 기다렸다가 끈을 잡고 올려 보세요.

 이렇게도 할 수 있어요!

- 다양한 종류의 소금으로 실험해 보고 어떤 소금이 가장 효과가 좋은지 알아보세요.
- 얼음 2개를 한꺼번에 들어 올려 보세요.

 어떻게 될까요?

얼음과 끈이 달라붙어 얼음이 물 밖으로 딸려 올라오는 모습을 볼 수 있을 거예요!

 왜 그럴까요?

물은 0℃(어는점)에서 얼고, 100℃(끓는점)에서 끓어요. 그런데, 소금을 넣으면 물의 어는점이 0℃ 이하로 낮아져요. 겨울철 빙판길에 소금을 뿌리는 이유는 바로 이 때문이죠. 이 실험에서 얼음에 소금을 뿌리면 끈과 닿은 얼음의 얇은 층이 녹았다가, 끈 주위의 물이 차가워지면서 다시 얼어붙게 됩니다.

6. 생크림으로 버터 만들기

유리병을 열심히 흔들어서 수제 버터를 만들 수 있다는 사실을 알고 있나요? 정말이에요! 이 간단한 과학 실험으로 생크림이 단 몇 분 만에 버터로 변합니다.

준비물

- 뚜껑이 있는 유리병 1개(손이 작은 사람은 이유식 병도 괜찮아요.)
- 진한 생크림

이렇게 해 보세요!

1. 진한 생크림을 유리병이 반 정도 차도록 넣으세요.
2. 병을 꼭 닫고 흔들기 시작하세요. 몇 분 동안 흔들면, 크림이 좀 더 걸쭉해진 것을 볼 수 있을 거예요. 이것이 바로 휘핑크림입니다. 조금 맛봐도 괜찮아요.
3. 계속해서 병을 흔들면 크림이 더욱 걸쭉해지면서 액체가 분리되기 시작하는 모습을 볼 수 있어요. 걸쭉한 물질은 버터이고, 액체는 버터밀크예요. 필요할 때마다 뚜껑을 열어 버터밀크를 따라 내세요. 버터밀크가 더는 만들어지지 않을 때까지 계속 흔드세요.

이렇게도 할 수 있어요!

- 버터에 소금을 조금 넣으면 맛이 좋아져요.
- 어른의 도움을 받아 믹서기로 버터를 만들어 보세요. 병을 흔들 때보다 훨씬 빠르게 버터를 만들 수 있어요!

어떻게 될까요?

버터밀크가 더는 나오지 않는다면, 버터가 완성된 거예요! 이제 빵에 발라서 맛있게 먹으면 됩니다! 만들어진 버터밀크는 잘 보관해 두었다가 (2~3일 정도 신선도가 유지됩니다) 빵을 만들 때 사용할 수도 있어요.!

왜 그럴까요?

우유는 액체와 지방으로 이루어져 있어요. 우유를 흔들면 고체와 액체가 분리되고, 고체끼리 달라붙어 버터(고지방 물질)가 되고, 남은 액체는 버터밀크(저지방 물질)가 됩니다.

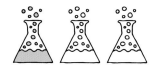

7. 용암 램프

넋 놓고 보게 되는 용암 램프! 간단한 재료 몇 가지만 있으면 집에서도 손쉽게 만들 수 있어요. 용암이 끓어오르는 듯한 신기한 모습을 관찰해 보세요.

준비물

- 투명 병 2개
- 식물성 기름
- 물
- 액상형 식용 색소
- 발포 비타민(물에 넣으면 거품을 내며 녹는 비타민이에요.)

이렇게 해 보세요!

① 각각의 병에 식물성 기름을 절반 정도 채우세요.

② 그런 다음 물을 $\frac{1}{4}$ 씩 채웁니다. 물이 어떻게 식물성 기름을 통과해 바닥 쪽에 자리 잡는지 주의해서 관찰해 보세요.

③ 각각의 병에 식용 색소를 4~5방울 정도 떨어뜨리세요. 떨어뜨린 색소 방울들이 어떻게 기름을 통과해 물과 기름 층 사이에 자리 잡는지 관찰해 보세요.

④ 발포 비타민을 4등분 하고, 각 병에 한 조각씩 떨어뜨리세요.

 이렇게도 할 수 있어요!

- 물병이나 유리병처럼 밀봉할 수 있는 용기에 물과 기름 혼합액을 보관하면 나중에 용암 램프 실험을 또 할 수 있어요.
- 용기의 나머지 부분에 물을 채우고 완전히 밀봉해서 멋진 센서리 보틀(178쪽 참조)을 만들면 물과 기름이 섞이고 가라앉는 것을 관찰할 수 있어요.

 어떻게 될까요?

색깔 거품이 폭발할 거예요. 거품의 움직임이 줄어들면 비타민 조각을 넣어 다시 거품이 생기게 하세요.

 왜 그럴까요?

기름과 물은 밀도가 달라요. 물이 기름보다 밀도가 크기 때문에 둘은 섞이지 않아요. 식용 색소에도 물이 들어 있기 때문에 기름과 섞이지 않고 그대로 통과해 내려가게 돼요. 발포 비타민 조각을 이 혼합액에 떨어뜨리면 기포가 생기면서 식용 색소와 물이 섞이게 되고, 이렇게 만들어진 물 거품이 기름을 통과해 올라갔다가 다시 내려갑니다. 진짜 용암 램프처럼 말이죠!

8. 병 속에 달걀 넣기

병 입구에 놓여 있던 달걀이 꼭 맞는 병에 저절로 쏙 들어가요! 어린이와 어른 모두 깜짝 놀랄 멋진 과학 실험을 해 볼까요?

어른의 도움이 필요해요

준비물

- 식물성 기름(없어도 괜찮아요.)
- 유리병 1개(입구가 달걀보다 조금 작아야 해요.)
- 껍질을 벗긴 삶은 달걀 1개
- 작은 종이 1장
- 성냥이나 라이터(어른의 도움이 필요해요!)

이렇게 해 보세요!

❶ 병 입구에 식물성 기름을 살짝 발라 주세요. 바르면 달걀이 병 안으로 들어가는 데에 도움이 돼요.

❷ 달걀을 병 입구 위에 놓고 가볍게 밀어 넣어 보세요. 살짝 밀었을 때 달걀이 병 속에 들어가지 않아야 해요.

❸ 병 입구에서 달걀을 잠시만 치워 두세요.

❹ 종이에 불을 붙여 유리병 안에 넣고(어른의 도움이 필요해요.), 달걀을 재빨리 병 입구에 올려놓으세요.

 이렇게도 할 수 있어요!

병 안에 있는 달걀을 꺼내는 여러 가지 방법을 생각해 보세요. 작은 숟가락으로 달걀을 조각조각 잘라서 꺼낼 수도 있어요. 달걀을 자르지 않고 온전한 모양으로 다시 꺼내려면, 병 속에 입김을 불어넣어 병 속의 압력을 상승시키면 됩니다. 또는 베이킹 소다와 식초를 넣고 병을 뒤집어 보세요.

 어떻게 될까요?

불이 꺼지면 달걀이 병 안으로 저절로 들어가요! 병을 뒤집어 흔들어 보세요! 아무리 흔들어도 달걀이 밖으로 나오지 않아요.

 왜 그럴까요?

불이 꺼지면 병 속의 공기가 식으면서 수축해요(쪼그라들어요). 그래서 병 밖보다 병 속의 압력이 낮아지게 되지요. 병 속의 압력보다 병 밖의 압력이 높아져서 병 밖의 공기가 달걀을 병 속으로 밀어 넣는 역할을 하게 됩니다.

9. 과자로 달의 모양 변화 만들기

달은 지구를 도는 아름답고 신비로운 천체로, 29.5일을 주기로 계속해서 모양이 바뀌어요. 과자를 이용하면 이러한 달의 여러 모양을 쉽게 만들어 볼 수 있어요!

준비물

- 연필
- 종이
- (오레오 같은) 샌드 쿠키
- 이쑤시개

이렇게 해 보세요!

❶ 연필과 종이로 달의 모양을 그린 표를 만들고 각각의 모양에 이름을 적어 놓으세요. 달은 모양에 따라 초승달, 상현달, 보름달, 하현달, 그믐달이라고 불러요.

❷ 과자 사이의 크림이 보이게 과자를 분리하세요.

❸ 이쑤시개로 과자 위의 크림을 긁어 달의 여러 모양을 만드세요.

❹ 크림 작업이 끝나면 만들어 두었던 표에 이 '달'을 올려놓으세요. 모양을 다 만든 뒤에는 반드시 다른 사람에게 보여 준 뒤에 먹어야 해요!

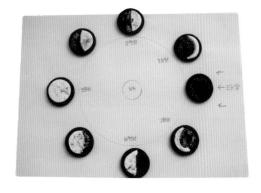

왜 그럴까요?

달은 일정한 주기로 지구 주위를 돌아요(이걸 공전이라고 해요.). 우리가 보는 달의 모양은 태양이 달을 비추는 부분이에요. 달은 언제나 둥글지만, 달을 비추는 태양의 각도가 변하면서 우리가 보는 달의 모양은 달라지게 되는 것이죠. 달이 전혀 보이지 않는 것을 '삭'이라고 하는데, 이때 달은 지구와 태양 사이에 있어요. 보름달은 지구가 태양과 달 사이에 있을 때 볼 수 있어요.

10. 위로 올라가는 옥수수

팝콘용 옥수수와 설탕을 병에 넣은 다음 뚜껑을 닫고 마구 흔들어 섞으면 어떤 일이 일어날까요? 함께 섞일까요, 아니면 그 반대일까요? 같은 크기의 입자끼리 모이는 성질을 보여 주는 흥미진진한 실험을 해 볼까요?

준비물

- 뚜껑이 있는 투명 병
- 설탕 1~2컵(200~400 g)

  ★ 소금이나 쌀로 해도 괜찮아요.

- 팝콘용 옥수수 $\frac{1}{3}$ 컵(105 g)

  ★ 콩이나 팥으로 해도 괜찮아요.

 이렇게도 할 수 있어요!

이 실험은 다양한 재료로 할 수 있습니다. 골프공과 소금으로, 돌과 자갈과 모래로도 실험해 보세요.

이렇게 해 보세요!

❶ 병에 설탕을 절반 정도 채우세요.
❷ ❶의 병에 팝콘용 옥수수를 넣으세요.
❸ 뚜껑을 잘 닫고 내용물이 잘 섞이게 흔드세요.
❹ 병을 옆으로 눕혀 앞뒤로 가볍게 굴리세요.

 어떻게 될까요?

옥수수 알갱이가 위로 올라가면서 설탕과 분리되는 모습을 볼 수 있을 거예요. 어때요, 마법 같죠?

왜 그럴까요?

설탕은 설탕끼리, 옥수수는 옥수수끼리 모이는 것을 '입자 분리'라고 해요. 입자는 크기별로 모이려는 성질이 있기 때문이에요. 이 실험에서는 설탕 알갱이가 옥수수 알갱이보다 훨씬 작기 때문에 설탕이 옥수수 사이로 빠져나가 아래로 떨어지면서 옥수수 알갱이가 위로 올라가는 것처럼 보이는 것입니다.

11. 저절로 움직이는 물

알록달록 즐거운 과학 실험을 하며 '모세관 현상'과 '증산'이 무엇인지 알아볼까요? 색이 이동하며 섞이는 신기한 모습을 관찰해 보세요.

준비물

- 물
- 투명 유리컵이나 플라스틱 컵 6개
- 빨간색·노란색·파란색 액상형 식용 색소(또는 물감)
- 키친타월 6장

이렇게 해 보세요!

① 3개의 컵에 물을 $\frac{3}{4}$ 정도 채우세요.

② 물을 채운 컵에 식용 색소를 몇 방울 떨어뜨려 빨간색 용액 1컵, 노란색 용액 1컵, 파란색 용액 1컵을 만드세요.

③ 용액이 든 컵 1개와 빈 컵 1개를 번갈아 가면서 동그랗게 놓으세요.

④ 키친타월 여섯 장을 각각 반으로 두 번 접어 긴 끈처럼 만드세요.

⑤ 키친타월 한쪽 끝은 빈 컵에 넣고 다른 쪽 끝은 용액이 든 컵에 넣으세요. 이런 방식으로 컵을 모두 키친타월 끈으로 서로 연결하세요.

 이렇게도 할 수 있어요!

식용 색소를 키친타월을 통해 이동시켜 새로운 색을 만들어 보세요. 청록색, 갈색, 라임색(노란색을 띠는 초록색)도 만들 수 있나요?

 더 알아보아요!

- '모세관'이란 털처럼 가는 관을 말해요. 액체 속에 넣은 대롱 안의 액면이 대롱 밖의 액면보다 높아지거나 낮아지는 현상을 '모세관 현상'이라고 합니다.

- 증산 작용은 잎에 있는 기공을 통해 물이 수증기가 되어 빠져나가는 것을 말합니다.

 어떻게 될까요?

키친타월로 만든 끈이 물을 순식간에 빨아들이는 모습을 살펴보세요. 몇 시간 또는 하룻밤이 지나면 무슨 일이 일어나는지도 관찰해 보세요! 용액이 든 컵에서 빈 컵으로 물이 이동하면서 색이 서로 섞여 새로운 색이 만들어지고, 알록달록 무지개색이 나올 거예요!

 왜 그럴까요?

물이 키친타월을 타고 이동하는 것은 바로 '모세관 현상' 때문이에요. 키친타월 섬유에 있는 작은 틈으로 이동하는 것이죠! 물 분자는 응집력이 있어서 서로 가까이 있으려고 하지만, 부착력 때문에 키친타월에 달라붙기도 해요. 증산 작용으로 잎에서 물이 빠져나가면 이런 방식으로 식물의 뿌리에서 잎으로 물을 이동시킨답니다. 키친타월에 있는 틈은 식물의 모세관과 같은 역할을 하여 물을 위쪽으로 끌어당깁니다.

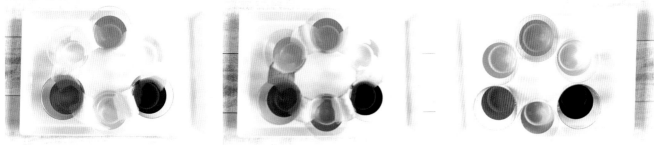

12. 춤추는 포도

물속에서 톡톡 춤추는 포도를 본 적 있나요? 깜짝 놀라지 마세요! 바로 '부력' 때문이랍니다.

준비물

- 탄산수
- 큰 유리병 1개
- 포도알 여러 개

이렇게 해 보세요!

❶ 유리병에 탄산수를 $\frac{3}{4}$ 정도 채우세요.

❷ ❶에 포도를 한 움큼 넣고 몇 초 동안 기다리세요.

 이렇게도 할 수 있어요!

포도 대신에 건포도, 팝콘용 옥수수, 구미 젤리도 '춤'을 출 수 있을까요? 한번 실험해 보세요!

 어떻게 될까요?

포도가 바닥으로 가라앉았다가 탄산 방울이 붙으면서 물 위로 올라오기 시작해요. 포도가 수면에 닿으면 탄산 방울이 터지며 다시 바닥으로 가라앉아요. 포도는 탄산 방울이 거의 다 사라질 때까지 꽤 오랫동안 춤춘답니다.

 왜 그럴까요?

포도가 '춤'을 추는 이유는 무엇일까요? 바로 부력 때문이에요. '부력'이란 물체가 물이나 공기 중에서 뜰 수 있게 해 주는 힘을 말해요. 물보다 무거운 포도는 당연히 바닥으로 가라앉아요. 하지만, 이산화 탄소 방울이 포도에 달라붙으면 위로 떠오릅니다. 포도가 맨 위쪽에 도달하면 탄산 방울이 터지면서 다시 바닥으로 가라앉고, 바닥에서 탄산 방울이 붙어 다시 올라가요. 탄소 방울이 거의 다 사라질 때까지 포도가 끊임없이 오르락내리락 할 거예요.

13. 정전기로 연필 돌리기

손도 대지 않고 연필을 빙글빙글 돌릴 수 있을까요? 풍선에 정전기만 일으키면 된답니다. 두 물체를 서로 마찰하면 정전기가 생겨 (+)전하나 (−)전하를 띠게 됩니다. 그리고 마법처럼 서로를 움직이게 만들지요. 쉽지만 놀라운 실험을 하며 정전기에 대해 알아 봅시다.

준비물

- 물이 가득 찬 뚜껑 있는 물병 1개
- 연필 1 자루
- 풍선 1개

이렇게 해 보세요!

❶ 물병 위에 연필을 수평으로 놓으세요.

❷ 풍선에 바람을 불어넣은 다음, 풍선을 옷에 문지르세요.

❸ 풍선을 연필의 한쪽 끝에 가까이 가져다 대세요.

 이렇게도 할 수 있어요!

- 연필 대신 빨대로 실험을 해 보세요.
- 정전기가 일어난 풍선으로 빈 깡통을 데 굴데굴 굴려 보세요.

 더 알아보아요!

- 전자는 원자를 구성하는 입자 중 하나로, (-)전하를 띱니다.

 어떻게 될까요?

연필이 빙글빙글 돌기 시작할 거예요!

 왜 그럴까요?

풍선을 옷에 문지르면 옷에 있던 전자가 떨어져 나와 풍선에 달라붙어요. 풍선은 (-)전하를 띠게 돼요. 이 풍선을 연필에 대면 연필의 (+)전하를 끌어당겨 돌게 만듭니다. 어때요, 자석의 원리와 비슷하지 않나요!

14. 오렌지 껍질로 풍선을 펑!

오렌지 껍질로 풍선을 터뜨릴 수 있다는 사실을 알고 있나요? 믿기지 않겠지만 정말이에요!

준비물

- 풍선 1개(작은 물 풍선이 제일 좋아요.)
- 오렌지 껍질 1개(2.5×5 cm보다는 커야 해요.)

이렇게 해 보세요!

❶ 풍선에 바람을 불어넣으세요.
❷ 오렌지 껍질을 풍선 가까이 가져가세요.
❸ 오렌지 껍질을 꾹 눌러 짜서 오렌지 즙이 풍선에 닿게 하세요.

 이렇게도 할 수 있어요!

레몬, 라임, 자몽 같은 다른 감귤류로도 실험을 해 보세요.

 어떻게 될까요?

풍선이 펑 터져요!

 왜 그럴까요?

오렌지 껍질에는 탄화수소의 일종인 리모넨이 들어 있어요. 풍선의 재료인 라텍스도 탄화수소예요. 탄화수소는 무극성 물질(전기적 성질을 띠지 않는다는 뜻이에요!)인데, 무극성 물질은 다른 무극성 물질에 닿으면 잘 녹아요. 그래서 오렌지 껍질에서 짜낸 즙이 풍선에 닿으면 고무가 조금 녹아서 풍선이 펑 터지게 되는 거예요!

15. 무지개 물

알록달록한 무지개를 만들면서 물의 밀도를 알아보아요!

준비물

- 투명 컵 6개
- 따뜻한 물 3컵(720 mL)
- 빨간색·노란색·파란색 액상형 식용 색소(또는 물감)
- 백설탕 5큰술(75 g)
- 숟가락이나 휘젓개 5개
- 스포이트 1개
- 기다란 투명 용기 1개

이렇게 해 보세요!

❶ 각각의 컵에 따뜻한 물 $\frac{1}{2}$ 컵(120 mL)을 채우세요. 따뜻한 물을 사용하면 설탕이 더 빨리 녹아요.

❷ 각각의 컵에 식용 색소를 1~2방울 떨어뜨려 물을 연하게 물들이세요. 빨간색, 주황색(빨간색 1방울, 노란색 1방울), 노란색, 초록색(노란색 1방울, 파란색 1방울), 파란색, 보라색(파란색 1방울, 빨간색 1방울)으로 물들이면 됩니다. 이 실험은 물을 연하게 물들였을 때 더 잘 이루어집니다.

❸ 다음과 같이 각각의 컵에 설탕을 넣으세요.

- 빨간색 컵 : 설탕을 넣지 마세요.
- 주황색 컵 : 1작은술(5 g)
- 노란색 컵 : 2작은술(10 g)
- 초록색 컵 : 3작은술(15 g)
- 파란색 컵 : 4작은술(20 g)
- 보라색 컵 : 5작은술(25 g)

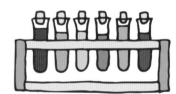

❹ 설탕이 다 녹을 때까지 컵에 있는 물을 저어 주세요. 컵마다 다른 숟가락을 사용하는 것을 잊지 마세요.

❺ 기다란 투명 용기에 스포이트로 보라색 용액을 넣으세요. 컵의 크기에 따라 스포이트를 1~3번 정도 써야 해요.

❻ 스포이트로 파란 용액을 천천히 넣으세요. 스포이트를 보라색 용액 수면 가까이에 대 용기의 벽을 타고 내려가도록 조심스럽게 흘려 주세요.

❼ 초록색, 노란색, 주황색, 빨간색 순서로 계속 넣으세요.

 이렇게도 할 수 있어요!

용기에 용액을 넣을 때 색이 다른 두 용액이 만나면, 색이 섞여 새로운 색이 만들어지는지 잘 관찰해 보세요

 어떻게 될까요?

무지개가 보일 거예요. 밝은 방이나 조명 아래, 창문 쪽에 용기를 두고 관찰하면 무지개의 색깔이 선명하게 보여요.

왜 그럴까요?

물에 설탕을 넣으면 물의 밀도가 커지는데, 밀도가 다르면 서로 섞이지 않고 층이 생깁니다. 설탕이 제일 많이 들어 있는 보라색 용액은 가장 무거워서 바닥에 있고, 설탕이 들어 있지 않은 빨간색 용액은 가장 가벼워서 맨 위에 있게 되는 것입니다.

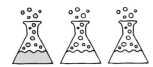

16. 꽃 물들이기

식물도 물을 '마신다'는 사실을 알고 있나요? 식물은 증산 작용을 통해 뿌리로부터 물을 흡수해요. 색소를 넣은 물이 꽃의 줄기를 통해 이동하여 꽃을 물들이는 것을 관찰하다 보면 증산 작용이 무엇인지 쉽게 알 수 있을 거예요.

어른의 도움이 필요해요

준비물

- 물
- 기다란 유리병 여러 개
- 액상형 식용 색소(또는 물감)
- 가위
- 흰색 카네이션(또는, 흰색 장미나 데이지)
- 자

이렇게 해 보세요!

1. 물병에 물을 $\frac{1}{4}$ 정도 채우세요.
2. 꽃병에 각각 다른 색깔의 식용 색소를 넉넉히 넣으세요(가능한 한 물을 진하게 물들이세요.).
3. 꽃줄기 밑부분을 비스듬히 자르세요(어른의 도움이 필요해요.). 줄기를 25 cm 정도의 길이로 잘라 물이 이동하는 거리가 너무 길지 않게 해주세요.
4. ❸의 꽃들을 ❷의 물병에 한 송이씩 꽂으세요.

 이렇게도 할 수 있어요!

- 빨간색·파란색·검은색 색소가 가장 염색이 잘되지만, 다른 색 색소도 시험해 보세요.
- 꽃줄기를 세로로 이등분한 다음, 각각 다른 색에 넣어 보세요. 꽃은 어떻게 될까요?
- 꽃 대신 셀러리 줄기로 실험해 보세요.

 어떻게 될까요?

꽃이 물들어요! 색이 완전히 흡수되려면 24시간 정도가 걸려요. 몇 시간마다 꽃의 색이 변하는지 확인해 보세요.

 왜 그럴까요?

식물에 있는 아주 작은 관(물관)이 빨대처럼 색소 탄 물을 빨아들이기 때문에 꽃잎의 색이 변하게 됩니다. 물이 식물을 따라 줄기, 잎, 꽃으로 이동하는 과정을 '증산 작용'이라고 합니다. 꽃을 살펴보고 줄기에 모세관이 있는지, 그리고 이 모세관의 색이 물의 색과 일치하는지 확인해 보세요.

17. 실 따라 물 붓기

끈에 물을 부어 본 적 있나요? 놀랍게도 물이 줄에 달라붙으면서 높은 곳에서 낮은 곳으로 흘러 내려가요! 응집력(물이 서로 붙는 현상)과 부착력(물이 다른 것에 붙는 현상)이라는 물의 특성 때문이지요. 멋진 실험이지만, 주변이 조금 지저분해질 수도 있으니 싱크대나 욕실에서 하는 것이 좋아요.

준비물

- 물
- 컵 2개
- 굵은 면 끈 30 cm
- 종이테이프

이렇게 해 보세요!

① 컵 하나에 물을 $\frac{3}{4}$ 정도 채우세요.

② 끈이 푹 젖을 때까지 끈을 물에 담가 놓으세요.

③ 물에서 끈을 꺼내서 끈의 양쪽 끝을 각각 두 컵 안쪽에 테이프로 붙이세요. 물이 든 컵 안쪽에 테이프를 붙일 때 물이 묻지 않도록 조심하세요. 물이 묻으면 테이프가 떨어지게 되니까요.

④ 빈 컵을 탁자 위에 놓으세요. 물이 든 컵을 위로 들어 올리고 물을 천천히 조금씩 부으세요.

이렇게도 할 수 있어요!

- 재미있는 효과를 내기 위해 물에 식용 색소를 넣어 보세요.
- 더 긴 줄로 실험해 보며 물이 줄을 따라 얼마나 멀리까지 갈 수 있는지 알아보세요.

어떻게 될까요?

물이 끈을 타고 내려가 빈 컵 안으로 들어가요.

왜 그럴까요?

물은 산소 원자 1개와 수소 원자 2개로 이루어져 있어요. 이렇게 결합된 분자는 (+)전하와 (-)전하를 띠어 마치 자석처럼 달라붙어요. 그 결과 물은 응집력과 부착력이라는 두 가지 특성을 가집니다. 응집력은 물 분자끼리 달라붙게 만들고, 부착력은 물 분자를 다른 물체에 달라붙게 만듭니다. 부착력으로 물이 끈에 달라붙고 응집력으로 물끼리 달라붙어, 끈에 물을 부으면 물줄기가 끈을 타고 내려가 빈 컵으로 들어가게 되는 것이죠.

18. 마법의 후추 실험

물의 표면 장력이 바뀔 때 어떤 일이 일어날까요?
간단한 실험으로 알아볼 수 있어요!

준비물

- 넓고 얕은 그릇 1개
- 물
- 후춧가루
- 주방용 세제

이렇게 해 보세요!

① 그릇에 물을 반 정도 채우세요.

② 물 표면을 살짝 덮을 정도로 후춧가루를 뿌리세요.

③ 손가락에 주방용 세제를 묻힌 다음 그 손가락을 물에 살짝 대 보세요.

 이렇게도 할 수 있어요!

반짝이나 다른 향신료를 사용해 보세요. 후춧가루만큼 효과가 있나요?

 더 알아보아요!

'표면 장력'은 액체의 표면이 스스로 수축해서 최대한 작은 면적을 취하려는 힘을 뜻합니다. 표면 장력 때문에 액체의 분자들은 서로 강하게 붙으려는 응집력이 생겨나서 액체 표면이 마치 탄력 있는 막처럼 보이게 됩니다. 이러한 표면 장력의 대표적인 예가 바로 물방울입니다.

 어떻게 될까요?

후춧가루가 그릇 가장자리로 재빨리 이동해요.

 왜 그럴까요?

물 분자가 서로 달라붙어 생긴 표면 장력 때문에 수면은 약간 부풀어 올라 있어요. 주방용 세제를 묻힌 손가락을 대기 전까지는 후춧가루가 물 표면에 고르게 떠 있습니다. 주방용 세제가 섞이면 물의 표면 장력이 낮아져서, 물이 평평하게 퍼지면서 후춧가루가 가장자리로 이동합니다.

19. 빙글빙글 도는 공

손도 대지 않고 탁자에 있는 공을 위로 들어 올릴 수 있을까요? 불가능할 것 같죠? 당연히 가능하답니다! 그리고 매우 쉽게 할 수 있는 실험이에요. 원심력 덕분이죠.

준비물

- 탁구공 1개
- 플라스틱 컵 또는 유리컵(와인잔처럼 중간 지름이 윗지름보다 큰 컵이 좋아요.)

이렇게 해 보세요!

① 탁구공을 탁자 위에 올려놓으세요.
② 컵을 뒤집어 공을 덮으세요.
③ 팽팽한 원을 그리며 컵을 돌려서 공이 빙글빙글 돌게 만드세요.
④ 공이 컵 안에서 움직이면 탁자 위로 컵을 들어 올리세요.

 이렇게도 할 수 있어요!

손잡이가 달린 양동이에 $\frac{1}{4}$ 정도 물을 채우세요. 양동이가 완전히 뒤집어질 정도로 큰 원을 그리며 빠르게 돌려 보세요. 물이 쏟아졌나요? 뒤집힌 양동이를 멈추지만 않으면 물은 한 방울도 떨어지지 않고 양동이에 머물러 있게 됩니다. 이것도 원심력 때문입니다. 일상생활에서 흔히 볼 수 있는 원심력에는 무엇이 있을까요?

 어떻게 될까요?

컵 안에서 공이 계속 돌고 있으면, 컵을 들어 올려도 공은 아래로 떨어지지 않고 컵과 함께 위로 올라가요. 연습이 약간 필요하지만 포기하지 마세요!

 왜 그럴까요?

물체가 원을 그리며 움직일 때 바깥쪽으로 나가려는 힘을 '원심력'이라고 해요. 공이 컵 안에서 원을 그리며 움직이면 컵 바깥으로 나가려는 힘(원심력)이 공을 컵 안쪽 벽에 달라붙게 만들어요. 그래서 컵을 들어 올리면 공도 같이 올라가요.

• IF -THEN DICE GAME •

제2장
성취감 가득!
테크놀로지 활동

테크놀로지 하면 대개 컴퓨터, 태블릿, 스마트폰을 떠올리게 됩니다. 이런 기기가 우리 삶의 중심에 자리 잡았죠. 이 장에서는 성공적인 컴퓨터 프로그래머가 되기 위해 익숙해져야 하는 개념을 컴퓨터 없이 배우는 것에 초점을 맞춘 활동을 소개합니다. 테크놀로지에 큰 관심이 없던 아이들도 이런 활동을 하다 보면 눈을 반짝일 거예요. 코딩에 익숙해지기 위해서는 시퀀싱(sequencing : 특정한 순서로 배열하는 것), 디버깅(debugging : 코딩이 잘못된 경우 오류를 수정하는 것), 컴퓨팅 사고(computational thinking : 컴퓨터가 이해할 수 있는 방식으로 문제를 해결하는 것) 같은 여러 가지 개념을 익혀야 합니다. 이런 코딩의 기본 개념을 재미있는 활동에 통합하여, 나이에 상관없이 아이들 모두 즐길수 있고, 만 2~3세부터 기초를 쌓을 수 있도록 했습니다.

20. 암호 풀어 보물찾기

암호 작성, 수학 문제가 통합된 흥미로운 보물찾기를 해 볼까요? 두 명 이상이 즐길 수 있는 놀이예요

준비물

- 사인펜이나 펜 또는 연필
- 종이
- 참가자 2명 이상
- 간식이나 사탕 같은 작은 상품

이렇게 해 보세요!

❶ 보물찾기를 준비할 사람과 보물을 찾을 사람을 정하세요. 예를 들어, 부모님이 보물찾기를 준비하고 아이들이 암호를 풀고 단서를 찾기로 정합니다.

❷ ㄱ=1, ㄴ=2, ㄷ=3, ㅏ=19, ㅑ=20 등 자음과 모음 각각에 숫자값을 정해서 암호 해독 표를 만듭니다. 이 암호 해독 표를 참가자들 각자 하나씩 가지고 있거나, 하나를 모두 공유합니다.

❸ 단서를 숨길 위치를 8~10개 정도 정하세요.

❹ 단서를 쓸 8~10개의 작은 종이를 준비하세요. 1번 종이에 보물찾기 첫 번째 위치 이름의 자음과 모음 수에 맞게 줄을 긋습니다. 예를 들어 나무 아래에 단서가 있는 경우 네 개의 줄을 긋고 각각의 줄 아래에 'ㄴ', 'ㅏ', 'ㅁ', 'ㅜ'에 해당하는 암호 해독 표의 숫자를 적어 놓습니다. 각각의 종이에 이런 단서를 계속 만들어 놓으세요.

❺ 보물찾기를 시작하는 곳에 첫 번째 단서를 놓습니다. 첫 번째 단서를 풀어야 두 번째 단서가 놓인 곳을 알 수 있어요. 이런 식으로 마지막 장소까지 찾아갈 수 있도록 각 단서에 다음 단서에 대한 힌트를 넣어 주세요.

❻ 마지막 장소에 간식이나 사탕 같은 작은 상품을 숨겨 두세요.

❼ 단서를 모두 숨긴 다음, 참가자들이 암호 해독 표와 첫 번째 단서를 가지고 보물찾기를 시작하세요

 이렇게도 할 수 있어요!

조금 큰 아이들이 이 활동을 하는 경우에는 나이와 수학 실력에 따라 덧셈, 뺄셈, 곱셈, 나눗셈 같은 수학 문제로 단서를 만들어 보세요.

 알고 있나요?

문제 해결 능력을 기르고 시퀀싱(특정한 순서로 배열하는 것), 디버깅(코딩이 잘못된 경우 오류를 수정하는 것) 등 사전 코딩 개념에 익숙해지는 데 좋은 활동입니다.

21. 2진 코드로 이름 그리기

2진 코드는 0과 1이라는 두 개의 기호로 작동하는 코딩 시스템입니다. 컴퓨터가 데이터를 변환하고 저장하는 방식이기도 하죠. 2진법이 무엇인지 배우면서 아름다운 예술 작품도 만들어 볼까요? 이 활동은 2진 코드의 개념을 즐겁게 배울 수 있기 때문에 코딩 입문 과정으로 아주 좋은 활동입니다.

준비물

- 연필
- 종이
- 붓
- 수채화 물감

이렇게 해 보세요!

1. 옆에 있는 2진 변환표를 보고 자신의 이름의 각 글자에 대응하는 2진 코드를 종이에 연필로 연하게 그리세요.
2. 연필로 그린 이름 위에 붓과 물감으로 색칠해 작품을 완성하세요.
3. 이름의 각 글자마다 다른 색을 써도 되고 모두 같은 색을 써도 됩니다. 창의력을 발휘하는 것이 중요해요!
4. 그림이 완성되면 2진 코드로 된 자신만의 독특한 이름 그림을 갖게 될 거예요!

• 2진 코드 변환표 •

문자	2진 코드	문자	2진 코드
ㄱ	1000001	ㅏ	1001111
ㄴ	1000010	ㅑ	1010000
ㄷ	1000011	ㅓ	1010001
ㄹ	1000100	ㅕ	1010010
ㅁ	1000101	ㅗ	1010011
ㅂ	1000110	ㅛ	1010100
ㅅ	1000111	ㅜ	1010101
ㅇ	1001000	ㅠ	1010110
ㅈ	1001001	ㅡ	1010111
ㅊ	1001010	ㅣ	1011000
ㅋ	1001011		
ㅌ	1001100		
ㅍ	1001101		
ㅎ	1001110		

 알고 있나요?

오늘날 우리가 사용하는 컴퓨터는 2진 코드로 데이터를 저장하고 처리합니다. 이 코드를 사용하면 컴퓨터와 정보를 주고받을 수 있고, 우리가 내리는 명령을 컴퓨터가 처리할 수 있습니다. 우리는 일반적으로 문자와 숫자를 사용해 컴퓨터에 명령을 입력하지만 이러한 명령은 컴퓨터가 이해하고 처리할 수 있도록 2진 코드로 변환됩니다.

 이렇게도 할 수 있어요!

한 사람이 2진 코드로 비밀 메시지를 작성하고 다른 사람이 이 메시지를 풀어 보세요.

22. 로봇에게 명령하기

코딩의 개념을 배울 때, 간단한 작업을 수행하기 위해 얼마나 많은 단계가 필요한지 파악하는 것은 매우 중요합니다. 샌드위치 만들기 같은 작업을 어떻게 수행해야 하는지 로봇에게 알려 줄 수 있을까요? 한 명은 코딩을 하고 한 명은 로봇이 되어 알아봅시다.

준비물

- 연필
- 종이

이렇게 해 보세요!

1. 우선, 로봇이 수행해야 할 작업을 고르세요. 샌드위치 만들기 같은 간단한 작업이 좋아요.

2. 가상의 로봇이 샌드위치를 만들기 위해 필요한 단계를 처음부터 끝까지 빠짐없이 적어 보세요.

3. 로봇이 출발할 지점을 정한 뒤 "냉장고까지 열 걸음 걸어가라.", "오른손으로 냉장고문을 열어라.", "냉장고에 오른손을 넣어 양상추, 마요네즈, 햄, 빵을 꺼내라." 같은 명령을 모두 적었는지 확인하세요. 샌드위치 재료를 모으는 데만도 많은 단계가 있다는 사실을 알 수 있습니다.

4. 명령이 모두 완성되면 친구에게 로봇 역할을 맡기고 작업을 완료하도록 시켜 봅니다.

 이렇게도 할 수 있어요!

다른 임무를 생각해 보고 각각의 단계를 작성한 다음 친구에게 로봇 역할을 맡겨 임무가 올바르게 완료되는지 확인해 보세요.

 알고 있나요?

컴퓨터는 자기가 스스로 생각하지 않기 때문에, 컴퓨터 코드를 작성할 때는 할 일이 무엇인지 우리가 원하는 것을 정확히 알려 줘야 합니다. 간단한 작업에도 완수해야 하는 수백 가지 단계가 있을 수 있으며, 이 중 한 단계만 빼놓아도 작업이 올바르게 완료되지 않습니다.

23. '~라면 ~하라' 주사위 게임

'~라면 ~하라'(if-then) 명령은 "조건이 참이면 다음 명령을 실행하라."라는 뜻입니다. 주사위를 굴려 나온 결과에 따라 명령을 실행하면서 표의 출발점에서 도착점까지 이동하는 주사위 게임을 즐기며 '~라면 ~하라' 구문과 친해질 수 있어요.

준비물

- 연필
- 자
- 종이
- 게임용 말
- 주사위 1개
- 참가자 2명 이상

이렇게 해 보세요!

❶ 연필과 자로 종이에 세로줄(약 2 cm 간격) 11줄, 가로줄 11줄을 교차해서 그려 가로 10칸, 세로 10칸의 게임판을 만드세요.

❷ 10×10표의 왼쪽 하단 모서리 칸에 출발점을 표시하고 오른쪽 상단 모서리 칸에 도착점을 표시하세요.

❸ 말 이동 규칙을 만드세요. 〈예〉의 규칙을 따라도 되고 다른 규칙을 만들어도 좋아요!

〈예〉

- 1이 나오면 위쪽으로 한 칸 이동합니다.

- 2가 나오면 왼쪽이나 오른쪽으로 한 칸 이동합니다.

- 3이 나오면 방향에 상관없이 대각선으로 한 칸 이동합니다.

- 4가 나오면 아래쪽으로 한 칸 이동합니다.

- 5가 나오면 위쪽으로 두 칸 이동합니다.

- 6이 나오면 아래쪽으로 두 칸 이동합니다.

❹ 말이 게임판 가장자리 칸에 있어 더는 이동할 수 없으면 그 자리에 머물고 다음 참가자에게 차례가 넘어갑니다. 도착점에 먼저 말이 도착한 참가자가 이기는 거예요!

- 표의 칸에 장애물을 몇 가지 추가하면 게임이 더 흥미진진해질 거예요.

- 심화 단계로는 '~라면 ~하고, 아니면 ~하라(if-thenelse)'의 개념을 활용해 볼 수도 있습니다. 주사위가 1에서 4까지 나올 때만 정해 놓은 명령을 실행하고, 다른 숫자가 나온 경우에는 위로 두 칸 이동하는 '아니면(else)' 구문을 적용하는 것이죠. 즉, 5나 6이 나오면 '아니면(else)' 구문을 실행해야 합니다.

🖋 알고 있나요?

'~라면 ~하라'(if-then) 명령은 프로그래밍의 조건부 명령이에요. "이 조건을 만족하면 이 명령을 실행한다."라는 개념을 이해하는 것이 코딩의 핵심입니다.

24. 찰칵찰칵 자연 산책

야외 활동을 하면 몸도 튼튼해지고 기분도 좋아져요. 그래서 바깥놀이는 아이들에게 매우 중요한 활동입니다. 약간의 기술을 빌리면 자연과 교감하는 것이 더욱 재미있어질 거예요

준비물

- 디지털 사진기나 휴대 전화 사진기

이렇게 해 보세요!

❶ 산책 중에 무엇을 찾아볼지 목록을 미리 만들어 놓으세요.

〈예〉 각각 다른 모양의 나뭇잎 10개, 곤충 5마리, 전에는 보지 못했던 것이나 걷는 동안 눈에 띄는 재미있는 것 5개 등

❷ 목록에 있는 것을 발견하면 사진을 찍으세요!

❸ 산책이 끝나면 목록에 적은 것 중 몇 개를 찾았는지 확인해 보세요.

 왜 그럴까요?

목록에 미리 적어 둔 사물이 있는지 세심하게 살펴보며 산책하면 주변 환경에 더욱 관심을 기울이게 된답니다! 산책 중 발견한 것을 사진으로 기록하면 훨씬 열정적으로 활동에 참여할 수 있어요. 산책 중 찍은 사진을 나중에 다시 살펴보세요. 어때요? 이 모든 것이 바로 우리 집 문 밖에 있었다는 사실이 놀랍고 뿌듯하죠

 이렇게도 할 수 있어요!

찍어 온 사진을 흑백으로 프린트해서 색칠 놀이 미술 활동을 할 수 있어요!

제3장
문제 해결력 향상!
공학 활동

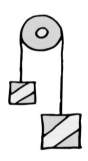

여러분이 기억할 수 있는 한 가장 오랫동안 해 온 일은 만들기가 아닐까요? 우리는 모두 타고난 기술자랍니다. 키친타월 심, 막대, 돌 등 만들기와 관련이 없을 듯한 물건으로 구조물을 만드는 것은 재미있는 일이에요! 레고 같은 조립 블록이 아니라 틀에 얽매이지 않는 도구와 물건으로 만들기를 하면 창의성과 문제 해결 능력을 키울 수 있어요. 투석기, 마블런, 미로, 탑 같은 것을 만들기 위해서는 모두 함께 힘을 합쳐야 할 수도 있어요. 집에 있는 물건만으로 독특한 구조물을 만들 수 있다는 사실에 깜짝 놀랄 거예요!

25. 고무 밴드와 끈으로 컵 쌓기

고무 밴드와 끈만으로 컵을 쌓아 피라미드를 만들어 본 적이 있나요? 불가능하다고 생각하세요? 공학적 사고, 창의성, 문제 해결 능력을 기를 수 있는 재미있는 협동 놀이에 도전해 보세요!

준비물

- 120 cm 끈
- 가위
- 고무밴드 1개
- 종이컵이나 플라스틱 컵 10개 이상
- 참가자 2~4명

이렇게 해 보세요!

① 끈을 잘라 30 cm 길이의 끈 4개로 만드세요.
② 각 끈의 한쪽 끝을 고무 밴드에 묶고 매듭 사이의 간격을 고르게 하여 컵 쌓기 도구를 만드세요.
③ 탁자나 평평한 바닥에 컵을 10개 이상 뒤집어 놓으세요.
④ 1인당 끈 1~2개를 잡고 끈을 천천히 당겨 고무 밴드를 벌려 주세요.
⑤ 고무 밴드 안으로 컵을 넣고, 끈을 느슨하게 풀어, 컵을 꽉 잡습니다.
⑥ 컵을 들어 올려 피라미드를 쌓으세요.
⑦ 컵을 모두 옮겨 피라미드를 완성해 보세요.

이렇게도 할 수 있어요!

- 참가자가 많으면 팀을 나눠 어느 팀이 피라미드를 가장 빨리 완성 할 수 있는지 대결해 보세요.
- 말을 하지 않고 게임을 해 보세요. 대화가 서로 간의 협력에 어떤 영향을 주는지 살펴보세요.

알고 있나요?

이 활동의 가장 큰 장점은 협동심을 기를 수 있다는 것입니다. 컵 쌓기 도구를 제대로 움직이려면 팀 전체가 힘을 합쳐 의사소통을 해야 해요.

어떻게 해야 이 도구를 가장 효율적으로 사용할 수 있을지 찾아내는 과정에서 문제 해결 능력도 기를 수 있습니다.

26. 돌돌 만 종이로 건물 짓기

종이와 테이프만으로 얼마나 높은 건물을 만들 수 있는지 한번 도전해 볼까요? 이러한 개방형 활동을 하다 보면 해결책을 찾아가는 과정에서 창의력과 문제 해결 능력을 기를 수 있어요.

준비물

- 종이 여러 장(신문지가 좋지만 다른 종이도 괜찮아요.)
- 종이테이프

이렇게 해 보세요!

❶ 종이 한 장을 한 모서리에서 시작해 돌돌 말아 주세요. 종이 전체가 말릴 때까지 계속 말면, 가느다란 대롱처럼 보이게 됩니다. 종이가 풀리지 않게 테이프로 고정하세요. 이런 종이 대롱을 여러 개 만드세요.

❷ 종이 대롱을 테이프로 연결해서 최대한 높은 구조물을 만드세요.

꿀팁!

종이 대롱끼리 테이프로 연결해서 특정 모양으로 만든 다음 그것을 연결하면 더 튼튼한 구조물을 만들 수 있어요. 어떤 모양으로 만들어야 가장 안정적인 구조물이 될까요? 삼각형? 사각형?

이렇게도 할 수 있어요!

- 누가 가장 높은 건물을 지을 수 있는지 겨뤄 보거나 팀을 만들어 경쟁해 보세요.
- 사람이 들어갈 수 있을 정도로 큰 요새를 지어 보세요.

왜 그럴까요?

이 활동을 하며 구조물에 대해 배우고, 어떤 모양이 가장 무거운 무게를 지탱하며 견고하게 서 있는지 알 수 있습니다.

27. 휴지 심 롤러코스터

키친타월 심과 휴지 심을 버리지 않고 보관해 두면 창의적으로 활용할 수 있는 방법이 무척 많답니다. 테이프와 휴지 심을 이용해 벽에 롤러코스터를 만들어 볼까요?

준비물

- 키친타월 심이나 휴지 심 여러 개
- 마스킹 테이프
- 테이프를 붙일 수 있는 벽
- 작은 공이나 구슬 1개
- 컵 1개

이렇게 해 보세요!

① 모아둔 키친타월 심과 휴지 심을 벽에 테이프로 붙이세요. 공이 휴지 심에서 휴지 심으로 이동하면서 위에서 아래로 내려와 바닥에 있는 컵 안에 떨어지도록 휴지 심을 배치하세요.

② 롤러코스터가 완성되면 맨 위의 휴지 심에 공을 살며시 내려놓아 아래로 굴러가게 하세요.

③ 공이 바닥에 있는 컵까지 잘 내려오나요? 잘되지 않으면 휴지 심의 위치를 조정하고 다시 해 보세요. 롤러코스터가 완벽하게 제 역할을 할 때까지 계속 조정해 보세요!

 이렇게도 할 수 있어요!

- 휴지 심이 많지 않으면, 심을 세로로 반 잘라 사용하세요. 잘린 부분이 위로 가게 하여 벽에 붙이세요. 이렇게 하면 롤러코스터를 만들 심이 두 배로 늘어나게 됩니다.

- 벽과 벽이 만나는 모서리에도 롤러코스터를 만들어 보세요. 공이 한쪽 벽에서 다른 쪽 벽으로 갔다가 다시 돌아오게 할 수 있는지 확인해 보세요.

 왜 그럴까요?

'중력'은 지구가 물체를 끌어당기는 힘을 말해요. 우리가 땅에 발을 붙이고 살 수 있는 것도 중력 때문이죠. 공이 롤러코스터를 타고 굴러 바닥으로 갈 수 있는 것도 중력 때문입니다.

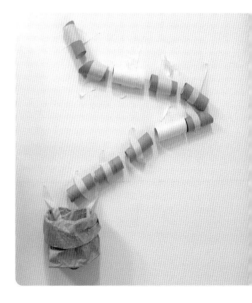

28. 빨래집게 마블런

마블런은 보고 있으면 흠뻑 빠져들게 되는 장난감이죠! 보통 수백 개의 부품으로 이루어져 조립하는 데만도 오랜 시간이 걸립니다. 하지만 마분지와 빨래집게 만으로 몇 분 만에 뚝딱 마블런을 만들 수 있어요. 관찰하고, 조정하고, 만드는 재미도 있죠.

준비물

- 5x30 cm 크기의 마분지
- 빨래집게 20~25개
- 유리구슬 1개

이렇게 해 보세요!

❶ 마분지 양쪽에 빨래집게를 20도 각도로 고정합니다(사진을 참조하세요.). 빨래 집게는 서로 마주 보지 않게 지그재그로 꽂으세요.

❷ 마분지 한쪽 끝을 약간 높은 곳에 걸쳐 비스듬하게 놓으세요.

❸ 미로 맨 위에 구슬을 내려놓으세요. 구슬이 빨래집게 사이를 지그재그로 굴 러갈 거예요.

❹ 구슬이 중간에 떨어지면 빨래집게의 각도를 바꾸거나 다른 빨래집게와의 거 리를 조정하세요.

❺ 구슬이 떨어지지 않고 미로를 완주할 때까지 계속 조정하세요. 미로의 각도를 더 가파르게 바꿔도 보세요. 구슬이 더 빨리 움직이나요?

 이렇게도 할 수 있어요!

마분지 여러 장으로 방향이 바뀌는 미로를 만들어 보세요. 마분지 아래 물건을 받쳐 각 도를 잘 조절해야 해요.

 왜 그럴까요?

빨래집게가 사이의 간격이 너무 넓거나 각도가 맞지 않으면 구슬이 중간 에 떨어져요. 빨래집게 마블런은 과정을 끊임없이 관찰하고 조정하는 멋 진 문제 해결 활동입니다.

미로의 한쪽 끝을 더 높이 들어 올리면 구슬이 더 빨리 떨어지는 것을 관 찰하여 중력에 대해서도 배울 수 있어요.

29. 아이스크림 막대 투석기

투석기로 즐겁게 놀이하며 물리와 운동 개념을 배울 수 있어요. 투석기를 만들어 다양한 물건을 발사하면서 어떤 것이 가장 멀리 가는지 추측해 볼까요?

준비물

- 아이스크림 막대 12개
- 고무밴드 7개
- 플라스틱 숟가락 1개
- 집에 있는 뿅뿅이, 마시멜로, 지우개 등 투석기로 발사할 물건
- 자

이렇게 해 보세요!

① 아이스크림 막대 10개를 포개어 양쪽 끝을 고무 밴드로 고정하세요.

② 막대 2개를 포개고 한쪽 끝을 고무줄로 고정하세요. 반대쪽 끝을 벌려 그 사이에 ①에서 만든 막대를 끼우세요.

③ 고무 밴드 2개를 사용하여 ①의 막대를 위쪽 막대에 십자 모양으로 고정하세요.

④ 숟가락을 위쪽 막대 위에 놓고 고무 밴드 2개로 단단히 고정하세요.

⑤ 이제 재미있는 활동을 시작할 준비가 다 되었어요! 여러 가지 물건을 발사해 보고 날아간 거리를 자로 재 보세요.

 이렇게도 할 수 있어요!

- 같은 물건을 10번 발사하고, 누름대를 얼마나 세게 눌렀는지에 따라 거리가 어떻게 달라지는지 확인해 보세요.
- 깃털, 포도 같은 특이한 물건도 발사해 보세요.
- 고무 밴드를 사용하여 투석기의 발사대에 아이스크림 막대를 더 붙여서 발사대를 더 길게 만들어 보세요. 투석기에서 발사된 물건이 날아가는 거리가 바뀌나요?

왜 그럴까요?

투석기 활동을 하며 물리, 운동, 에너지에 대해 즐겁게 배울 수 있어요. 투석기의 발사대를 누르면 많은 양의 위치 에너지가 저장되고, 이 팔을 놓으면 위치 에너지가 운동 에너지로 바뀌면서 숟가락 위에 있는 물건이 공중으로 날아가요. 그런데 투석기에서 발사된 물건이 계속 날지 못하는 이유는 무엇일까요? 바로 중력 때문입니다. 날고 있는 물건은 중력 때문에 호를 그리면서 결국 땅으로 다시 떨어져요.

30. 감자칩으로 원 만들기

독특한 모양과 곡률 덕분에 프링글스 같은 감자칩을 쌓아 완벽한 원 모양을 만들 수 있어요. 준비하는 데에는 시간이 전혀 걸리지 않지만, 참을성과 인내심을 가지고 끝까지 해내야 하는 난이도가 높은 활동이에요.

준비물

- 프링글스 같은 감자칩 1~2통(다른 맛은 가루가 여기저기 날리기 때문에 오리지널 맛이 좋아요.)
- 실리콘 식탁 매트나 미끄럼 방지 식탁 매트(없어도 괜찮아요.)

이렇게 해 보세요!

❶ 식탁 매트 위에 감자칩 두 개를 가로로 나란히 놓으세요. 긴 면의 일부가 매트에 닿고 나머지 부분이 공중에 떠 있어야 해요.

❷ ❶의 가운데 부분에 다른 칩을 올려놓으세요. 이것이 앞으로 만들 원의 기초입니다.

❸ 같은 방법으로 감자칩을 계속 쌓아 완전한 원을 만드세요.

❹ 문제 해결 능력을 여러 번 발휘해야 하고 시행착오도 거듭되겠지만 충분히 해낼 수 있는 도전이에요! 모든 과정을 끝내고 뿌듯함을 느껴 보세요!

 꿀팁!

기초를 여러 층으로 쌓은 뒤 원의 옆 부분과 윗 부분을 만들어 가세요.

 이렇게도 할 수 있어요!

감자칩으로 배나 다리 등 다른 구조물도 만들어 보세요!

 어떻게 될까요?

바닥이 아주 두껍고 옆 부분은 훨씬 얇으며 위쪽에는 한두 겹만 있는 원이 만들어질 거예요.

 왜 그럴까요?

어떻게 칩으로 원을 만들 수 있는지 몇 가지 개념을 알아볼까요? 맨 위에 놓인 칩의 무게 중심이 바로 아래 놓인 칩의 가장자리를 넘지 않는다면 칩을 무너뜨리지 않고 쌓을 수 있습니다. 칩이 수직으로 쌓여 원의 옆면이 만들어지기 시작할 때, 칩이 꼿꼿이 서 있을 수 있는 것은 마찰력 덕분이에요. 칩 양쪽의 마찰력이 중력보다 크기 때문에 칩이 수직으로 유지될 수 있어요.

31. 알파벳 나무

활동은 빌 마틴 주니어와 존 아샴볼트의 그림책 「치카치카 붐붐」에서 힌트를 얻었어요. 이 그림책은 코코넛 나무 꼭대기에서 만나기로 약속한 글자들의 이야기예요. 나무를 쓰러뜨리지 않고 얼마나 많은 글자를 나무에 올려놓을 수 있는지 도전해 볼까요?

준비물

- 휴지 심 1개
- 아이스크림 막대 4개(나무의 잎을 표현하기 위해서는 초록색이 좋아요.)
- 자석 글자(자석이 필요한 활동은 아니지만, 자석 글자가 다른 글자보다 무겁기 때문에 균형이 제대로 맞지 않는 경우 구조물이 더 잘 기울어져요.)

이렇게 해 보세요!

❶ 휴지 심에 아이스크림 막대를 올려서 나무를 만드세요.

❷ 글자를 하나씩 나무 위에 올려놓으면서, 균형을 유지하도록 주의하세요. 그렇지 않으면 막대가 떨어져 처음부터 다시 시작해야 해요.

❸ 무너뜨리지 않고 나무 위에 올려놓을 수 있는 글자는 몇 개인지 세어 보세요. 글자를 모두 올려놓을 수 있는지도 알아보세요.

 이렇게도 할 수 있어요!

- 글자를 모두 나무 위에 올려놓았으면 나무를 바닥에서 들어 올려 보세요.
- 뿅뿅이 같은 작은 물건으로도 시도해 보세요.

 왜 그럴까요?

글자를 올려놓을 때 무게 중심이 막대와 휴지 심이 맞닿는 지점을 벗어나지 않게 해야 해요. 무게 중심이 그 지점을 벗어나게 되면 막대가 기울어져 나무가 쓰러져요.

무게 균형을 유지하도록 글자를 막대위에 올려야 이 도전에서 성공할 수 있어요.

32. 공중에 공 띄우기

기압의 변화 때문에 작은 공이 공중에 떠 있는 것처럼 보이게 되는 재미있는 실험입니다.

어른의 도움이 필요해요

준비물

- 가위
- 종이 접시 1개(작고 둥근 종이도 괜찮아요.)
- 테이프
- 주름 빨대 1개
- 뿅뿅이 1개
- 알루미늄 포일

이렇게 해 보세요!

❶ 종이 접시의 가장자리에서 원의 중심까지 직선으로 자르세요.

❷ 자른 면을 서로 겹쳐 원뿔 모양을 만들고 테이프로 고정하세요.

❸ 원뿔의 끝에 아주 작은 구멍을 내고 빨대를 끼우세요. 이때 주름에 가까운 쪽을 넣어야 합니다.

❹ 테이프로 빨대를 고정하고 구멍을 완전히 막으세요.

❺ 작은 알루미늄 포일로 뿅뿅이를 완전히 감싸 공을 만드세요.

❻ 공을 원뿔에 넣고 빨대로 부드럽고 지속적으로 불어보세요. 빨대가 똑바로 하늘을 향하고 있어야 해요.

 이렇게도 할 수 있어요!

헤어드라이어를 사용해도 베르누이의 원리를 볼 수 있어요. 헤어드라이어를 냉풍 모드로 켜고 위로 향하게 한 다음, 바람이 나오는 곳에 탁구공을 놓아 보세요(어른의 도움이 필요해요.). 탁구공은 헤어드라이어 위로 뜨지만 날아가지는 않아요.

 어떻게 될까요?

공기가 공 주위를 움직이는 것처럼 보이면서 공이 원뿔 안 또는 약간 위에 떠 있어요.

 왜 그럴까요?

공이 뜨는 것은 베르누이의 원리 때문입니다. 비행기가 나는 것과 같은 원리죠. 빨대로 공 표면에 바람을 불면 공은 바람에 밀려 올라가야 합니다. 하지만 공 주위는 바람으로 인해 공기 압력이 낮아졌기 때문에 바깥쪽 공기의 압력이 더 높습니다. 더 높은 압력의 공기는 압력이 낮은 곳(움직이는 공기)으로 공을 다시 밀어 넣습니다. 그렇게 해서 공은 공중에 떠 있게 됩니다.

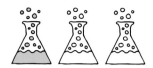

33. 아이스크림 막대 3D 아트

빨래집게, 바인더 클립, 아이스크림 막대만 사용해 3D(3차원) 아트 구조물을 만들어 볼까요? 무엇을 어떻게 만들어도 괜찮아요. 무너지지 않을 만큼 튼튼하기만 하면 됩니다.

준비물

- 빨래집게 10개 이상
- 바인더 클립 10개 이상
- 색깔 있는 아이스크림 막대 30개 이상

이렇게 해 보세요!

빨래집게, 바인더 클립, 아이스크림 막대를 사용해 원하는 것이라면 무엇이든 만들 수 있어요. 예를 들어 꽃, 탑, 다리 등을 만들 수 있죠. 빨래집게와 바인더 클립을 사용해 구조물을 고정하고 세우면 됩니다.

🔍 왜 그럴까요?

스스로 창의력을 발휘하고, 문제 해결력을 기를 수 있는 것이 STEAM 활동의 장점입니다. 이러한 개방형 활동을 하면 창의적인 문제 해결 방법뿐만 아니라 독창적이고 아름다운 예술 작품을 생각해 낼 수 있어요.

💡 이렇게도 할 수 있어요!

- 장난감 눈알을 붙여 구조물이 살아 있는 것처럼 만들어 보세요.
- 다리를 만들어 보세요. 두 팀으로 나누어 활동할 수 있으면, 어느 팀의 다리에 더 무거운 것을 올려놓을 수 있는지 경쟁해 보세요.

34. 콩주머니 날리고 잡기

신나게 콩주머니를 날리고 잡으며 '관성', '중력' 같은 물리의 기본 개념을 배울 수 있어요.

준비물

- 튼튼한 직사각형 널빤지 1개(예를 들어, 도마)
- 작은 원기둥 1개 (예를 들어, 빈 감자칩 캔, 단단한 키친타월 심)
- 작고 가벼운 콩주머니 1개나 소포장 과자 1봉지

이렇게 해 보세요!

① 널빤지를 바닥에 평평하게 놓으세요.

② 널빤지 아래 $\frac{1}{3}$ 지점에 원통을 놓으세요.

③ 원기둥에서 더 먼 널빤지 끝에 콩주머니를 올려놓으세요. 콩주머니가 놓이지 않은 쪽이 올라올 것입니다.

④ 올라온 쪽 널빤지의 끝부분을 쿵 밟으세요.

⑤ 공중으로 날아오른 콩주머니를 손으로 잡으세요.

 이렇게도 할 수 있어요!

널빤지에 올려놓을 다른 물건들을 찾아보세요. 어떤 물건이 가장 높이 올라가나요?

 왜 그럴까요?

널빤지를 밟으면 널빤지와 주머니가 움직여요. 널빤지의 끝이 바닥에 닿으면 널빤지는 멈추지만, 콩주머니는 중력이 콩주머니를 땅으로 끌어당겨 날아가는 것을 멈추게 할 때까지 계속 날아가요. 이것이 바로 관성의 개념이에요. '관성'이란 움직이는 물체가 외부의 힘을 만날 때까지 계속해서 움직이려고 하는 성질이랍니다. 물론 여러분이 잡아도 콩주머니는 멈춰요.

35. 뿡뿡이 대포

손쉽게 만들 수 있는 뿡뿡이 대포로 다양한 작은 물건을 발사하다 보면 몇 시간이 훌쩍 지나갈 거예요!

어른의 도움이 필요해요

준비물

- 풍선 1개
- 가위
- 플라스틱 컵 1개(또는 휴지 심)
- 투명 박스 테이프
- 뿡뿡이 여러 개(또는 마시멜로, 알루미늄 포일로 만든 공, 탁구공 등)

이렇게 해 보세요!

① 풍선 입구를 묶으세요.

② 풍선 윗부분을 가위로 잘라 내세요.

③ 플라스틱 컵의 바닥을 잘라 내세요(어른의 도움이 필요해요.).

④ 풍선의 자른 부분을 잡아 늘려서 ③의 바닥 쪽에 씌우세요.

⑤ 풍선을 박스 테이프로 컵에 고정하세요. 이제 발사 준비가 되었습니다.

⑥ 뿡뿡이를 컵에 넣고 풍선의 매듭을 뒤로 당겼다 놓으세요.

 이렇게도 할 수 있어요!

- 집에 있는 물건 중 발사할 만한 작은 물건을 찾아보세요. 어떤 것이 가장 멀리 가나요?

- 누가 가장 멀리 발사할 수 있는지도 겨뤄 보세요.

- 같은 물건을 10번 발사해 보세요. 매번 같은 거리를 날아가나요?

- 풍선을 여러 길이로 당겨서 발사해 보세요. 뿡뿡이가 날아가는 거리가 달라지나요?

 어떻게 될까요?

뿡뿡이가 공중으로 날아가요..

 왜 그럴까요?

발사하기 위해 풍선을 뒤로 당기면 위치 에너지가 커집니다. 풍선을 놓으면 위치 에너지가 운동 에너지로 전환되어 뿡뿡이가 발사됩니다. 뿡뿡이는 날아가다 중력 때문에 땅으로 떨어집니다.

36. 거미줄 미로

실제 크기의 거미줄 미로를 만들어서 통과해 볼까요? 비밀 요원처럼요, 재미있을 뿐만 아니라 창의력과 문제 해결 능력을 기르는 데도 매우 효과적인 활동이에요!

준비물

- 주름 종이 3롤(5 cm x 25 m 정도) (또는 마스킹 테이프)
- 2.5 cm 두께의 마스킹 테이프 1롤

이렇게 해 보세요!

① 길이가 180~300 cm, 폭이 90~120 cm 되는 공간(예를 들어, 복도)을 찾아보세요.

② 주름 종이 롤의 끝부분을 테이프로 벽에 붙인 뒤 롤을 펴서 다른 쪽 벽에 붙이세요.

③ 벽 사이를 왔다 갔다 하면서 다양한 높이로 주름 종이를 붙여서 높은 층, 중간 층, 낮은 층의 장애물이 생기게 만듭니다. 거미줄 미로를 완성할 때까지 이 작업을 계속해서 하세요.

④ 거미줄 미로가 완성되면 주름 종이를 망가뜨리지 않고 미로를 통과해 보세요.

 이렇게도 할 수 있어요!

거미줄 미로를 망가뜨리지 않고 성공적으로 통과했다면, 이번에는 주름 종이를 전혀 건드리지 않고 거미줄 미로를 통과해 보세요.

 알고 있나요?

이 거미줄 미로는 꽤 튼튼하지만 주름 종이에 너무 강한 압력이 가해지면 결국 벽에서 떨어지거나 찢어져요.

제4장

창의력 쑥쑥!
미술 놀이

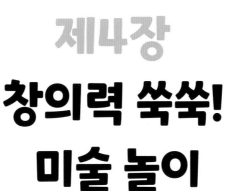

예술은 우리가 살고 있는 세상을 더욱 아름답게 해 주는 디자인의 중요한 구성 요소입니다. 과학자, 공학자 혹은 수학자가 될지도 모르는 우리 아이들은 미래의 세상을 혁신하고 창조하면서 디자인도 중요하게 생각할 거예요. 재미있고 간단한 예술 활동을 하며 중요한 STEAM 개념을 배우고 예술 작품도 만들어 보세요!

37. 클리어 파일에 초상화 그리기

초상화 그리기는 두 명이 짝을 이루어 하는 즐거운 미술 놀이예요! 또한 웃음이 넘쳐 나는 활동을 하며, 얼굴 생김새는 물론 눈·코·입 사이의 관계와 대칭도 자연스레 익힐 수 있어요.

어른의 도움이 필요해요

준비물

- 참가자 2명
- 클리어 파일 2개(또는 투명 OHP 필름지, L자 홀더)
- 화이트보드용 펜(물로 지워지는 수성 사인펜을 사용할 수도 있지만, 수성 사인펜은 조금 지저분해지는 단점이 있어요.)
- 흰 바닥이나 벽 혹은 흰 종이
- 자

이렇게 해 보세요!

① 한 사람이 클리어 파일을 자기 얼굴 가까이에 대고 있고, 다른 사람이 화이트보드용 펜으로 상대방의 얼굴 모양을 따라 그리세요.

② 그림이 완성되면 역할을 바꾸세요.

③ 클리어 파일을 흰색 바닥에 대거나 클리어 파일에 흰색 종이를 넣어서 최종 결과를 확인합니다.

④ 눈 사이의 거리, 코와 입 사이의 거리 등 얼굴의 특징을 자로 재 보세요. 두 초상화를 비교해 보고 이런 거리가 얼마나 다른지 알아보세요.

 이렇게도 할 수 있어요!

특별한 날에는 이 활동을 변형해서 해 보세요! 예를 들어 핼러윈에는 친구와 서로의 얼굴을 괴물처럼 그려 주는 거예요!

 왜 그럴까요?

우리는 모두 서로 다르며 각자 고유한 얼굴을 가지고 있어요(일란성 쌍둥이는 예외예요.). 얼굴의 생김새와 특징으로 인간은 서로를 쉽게 알아볼 수 있어요. 얼굴이 더 대칭을 이루는 사람도 있고 눈이나 코, 입 등이 다른 사람보다 더 큰 사람도 있고요. 여러분 얼굴의 특징은 무엇인가요?

41. 아이스크림 막대의 색깔 섞기

두 가지 색이 섞여 새로운 색이 만들어지는 과정을 본 적 있나요? 눈을 뗄 수 없을 정도로 흥미로워요. 준비도 쉽고, 정리도 간단한 마법 같은 실험을 소개합니다!

준비물

- 투명 컵 3개
- 물
- 파란색 아이스크림 막대 2개
- 빨간색 아이스크림 막대 2개
- 노란색 아이스크림 막대 2개

이렇게 해 보세요!

① 각 각의 컵에 물을 $\frac{3}{4}$ 정도 채우세요.

② 각 각의 물컵에 두 가지 색깔의 막대를 넣으세요. 빨간색/파란색, 파란색/노란색, 빨간색/노란색으로요.

③ 몇 시간마다 막대를 확인해 보세요. 맑은 물에 색이 물드는 것을 볼 수 있을 거예요.

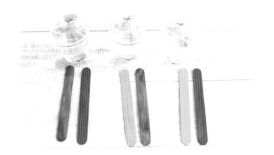

이렇게도 할 수 있어요!

스키틀즈나 엠앤엠즈(M&M's) 같은 사탕을 물에 넣어 색을 섞어 보세요. 세 가지 원색을 모두 섞으면 어떻게 될까요?

 어떻게 될까요?

빨간색/파란색 막대를 넣은 컵의 물은 보라색이 될 거예요. 빨간색/노란색 막대를 넣은 물은 주황색이 될 거고요. 노란색/파란색 막대를 넣은 물은 초록색으로 변할 거예요.

 왜 그럴까요?

빨간색, 노란색, 파란색은 가장 기본적인 색인 '원색'입니다. 이 세 가지 색만 있으면 무지개색을 모두 만들 수 있어요. 주황색, 초록색, 보라색은 중간색인 '간색'이에요. 간색은 두 가지 원색을 같은 양으로 섞어서 만들어지는 색이에요. 흰색, 검은색, 회색은 '무채색'이라고 하며 원색과 간색을 밝게 하거나 어둡게 하는 데 사용해요. 색을 더 밝게 만들려면 흰색을 추가하면 되지요. 빨간색과 흰색을 섞으면 분홍색이 되지요. 색을 더 어둡게 만들려면 검은색을 추가해요. 빨간색에 검은색을 섞으면 밤색이 만들어져요.

42. 괴물 벌레

과정 미술은 최종 완성품보다는 만드는 활동 자체에 중점을 둡니다. 괴물 벌레 그리기는 아주 재미있는 과정 미술 활동이에요. 그림을 완성하면 기이하고도 멋진 작품을 만날 수 있을 거예요!

준비물

- 물
- 스포이트
- 도화지나 흰색 종이
- 다양한 색의 액상형 식용 색소(또는 물탄 물감)
- 사인펜

이렇게 해 보세요!

① 스포이트로 종이에 물을 크게 한 방울 떨어뜨리세요.

② 물방울 위에 식용 색소를 한 방울 떨어뜨리세요.

③ 물방울에서 스포이트로 물을 끌어내어 다리와 촉수를 만드세요.

④ ①~③의 과정을 반복하여 종이에 벌레 몇 마리를 그리세요.

⑤ 하룻밤 동안 그림을 말린 뒤 사인펜으로 눈과 입 등을 그려서 괴물 벌레를 완성하세요.

🔍 왜 그럴까요?

과정 미술은 예술 창작을 창의적인 여정으로 바라보며, 이 과정을 중요하게 생각합니다. 그래서 색의 선택, 재료 모으기, 패턴 만들기, 특정한 움직임 등 예술 자체를 창조하는 기법과 즐거움에 중점을 둡니다.

💡 이렇게도 할 수 있어요!

- 포크 등 다양한 도구로 다리와 촉수를 만들어 보세요. 같은 모양의 다리나 촉수가 만들어지나요?
- 물을 퍼뜨려서 동물이나 사람도 그려 보세요.

43. 후후 불어서 그림 그리기

입김을 후후 불어서 그림을 그리는 것은 또 다른 재미있는 과정 미술 활동입니다. 종이 위에 있는 수채화 물감을 불어서 번지게 하세요. 놀랍도록 아름다운 그림이 만들어질 거예요!

준비물

- 물 1컵
- 붓
- 수채화 물감
- 흰색 도화지(일반 종이도 괜찮아요)
- 빨대 1개

이렇게 해 보세요!

① 붓을 물에 담가 적신 다음 수채화 물감을 묻힙니다.

② 종이에 물이 남을 수 있게 붓에 물을 넉넉히 묻혀 가며 그림을 그리세요. 종이 한가운데에 2~3가지 색으로 동그라미나 하트 등 간단한 그림을 그리세요. 예를 들어, 파란색-초록색, 파란색-보라색, 빨간색-주황색 등 서로 잘 어울리는 색을 사용하세요.

③ 완성된 그림이 마음에 들면 빨대로 그림을 불어 주세요. 안쪽에서 불기 시작하여 바깥쪽으로 이동하세요.

④ 남아 있는 수채화 물감이 움직이는 것을 살펴보며 아름다운 무늬를 만드세요.

⑤ 그림이 완성될 때까지 종이를 계속 돌려 가면서 불어 주세요.

⑥ 수채화 물감이 잘 번지지 않는다면 그림 위에 물을 조금 더 떨어뜨리세요.

왜 그럴까요?

물을 넉넉하게 써서 그림을 그렸기 때문에 물감을 불면 번지거나 튀어서 아름다운 무늬와 튄 자국이 만들어져요.

이렇게도 할 수 있어요!

검은색 사인펜으로 얼굴을 그리고 머리 선을 따라 물감을 칠한 다음, 얼굴 위쪽으로 물감이 뻗치도록 물감을 불어 보세요. 벼락 맞은 머리카락이 만들어질 거예요.

44. 키친타월과 사인펜으로 수채화 그리기

수성 사인펜과 물만으로 아름다운 수채화를 그릴 수 있다는 것을 알고 있나요?
정말이에요! 물감을 사용하지 않고도 간단히 멋진 수채화를 그릴 수 있어요!.

준비물

- 키친타월
- 수성 사인펜
- 스포이트 1개
- 물

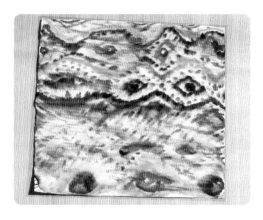

이렇게 해 보세요!

1. 키친타월에 수성 사인펜으로 그림을 그리세요.

2. 스포이트에 물을 채우고, 그림에 물을 5~10방울 정도 천천히 떨어뜨리세요.
   물은 키친타월에 흡수되어 가장자리에 닿을 수 있을 만큼만 사용하세요.

3. 몇 분 뒤에도 가장자리가 여전히 말라 있으면 물을 한두 방울을 더 떨어뜨리
   세요.

4. 색이 함께 섞이면서 아름다운 그림이 만들어지는 것을 볼 수 있을 거예요.

5. 키친타월을 넣어서 혹은 마른 바닥 위에 두고 완전히 말리세요.

 왜 그럴까요?

물이 키친타월에 쉽게 흡수되는 건 바로 '모세관 현상' 때문이에요. 그래
서 흘린 것을 닦을 때 키친타월을 사용하는 거예요! 키친타월은 작은 구
멍이 많은 다공성 구조예요. 그래서 그 구멍으로 물을 흡수하고 통과시
킬 수 있어요. 키친타월에 색을 칠한 다음 물을 떨어뜨리면 물은 색을 띠
게 되고 키친타월을 통해 그 물이 퍼지면서 색의 일부가 옮겨집니다.

 이렇게도 할 수 있어요!

- 커피 필터를 사용해도 비슷한 효과를 볼 수 있어요.

- 키친타월이 다 마르면, 공룡이나 하트 등 재미있는 모양으로 자르고
  검은색 사인펜으로 얼굴이나 다른 부분을 그려 넣으세요.

45. 키다리 사인펜으로 그림 그리기

평소에는 앉아서 그림을 그리죠? 이 활동은 키다리 사인펜으로 가지고 일어서서 그림을 그리는 재미있는 과정 미술 활동입니다.

준비물

- 크라프트지나 전지
- 마스킹 테이프나 종이테이프
- 수성 사인펜
- 대걸레 자루나 긴 막대

이렇게 해 보세요!

❶ 큰 종이를 바닥에 테이프로 붙이세요.

❷ 대걸레 자루 끝에 사인펜을 테이프로 붙이세요. 대걸레 자루보다 사인펜이 약 5cm 더 튀어나와야 해요.

❸ 사인펜의 뚜껑을 열고 펜촉의 끝이 바닥을 향하도록 대걸레 자루를 잡으세요.

❹ 키다리 사인펜으로 종이에 그림을 그리세요. 이렇게 긴 사인펜으로 그림을 그리니 어떤 느낌이 드나요?

 이렇게도 할 수 있어요!

- 자기 이름을 써 보세요.
- 두 명이 틱택토 게임을 해도 좋습니다. (틱택토 게임은 3×3의 게임판에 O와 X를 번갈아 그리는 게임이에요. 가로, 세로, 대각선 중 한 줄을 먼저 완성하는 사람이 이겨요.)

 알고 있나요?

일상의 물건을 색다른 방법으로 사용하면 우리의 사고방식에 신선한 자극을 주고 틀에서 벗어나 생각하는 데에도 도움이 됩니다. 이 활동은 사인펜으로 그림을 그리는 아주 일반적인 활동입니다. 그리기 도구가 아주 길다는 것만 빼면요. 이렇게 하면 사인펜을 잡는 방법뿐만 아니라 그림을 그리기 위해 몸을 움직이는 방법도 달리해야 해요. 단순한 그림 그리기 활동이 완전히 새로운 신체적 경험이 되는 것이죠!

46. 뭉게뭉게 마블링 만들기

마블링은 무척 아름답지만 만들기는 어렵고 복잡해 보이죠? 알고 보면 종이 위에 신비로운 마블링 무늬를 간단히 만들 수 있어요!

준비물

- 넓고 얕은 그릇(또는 반찬통) 1개
- 큰 쟁반 1개
- 면도 크림
- 숟가락이나 주걱 1개
- 액상형 식용 색소(또는 물감)
- 아이스크림 막대 1개
- 10×10 cm 종이나 색지
- 키친타월

이렇게 해 보세요!

1. 그릇을 쟁반 옆에 놓으세요.
2. 그릇에 면도 크림을 넣고, 숟가락으로 표면을 평평하게 만드세요.
3. 면도 크림 위에 식용 색소를 한 방울 떨어뜨리세요. 두세 가지 색을 써도 되고 무지개색을 전부 사용해도 좋아요!
4. 아이스크림 막대로 면도 크림을 저어서 색을 섞으세요.
5. 면도 크림 위에 종이 한 장을 올려놓으세요.
6. 종이를 꺼내서 쟁반에 뒤집어 놓으세요. 종이 위에 남은 면도 크림은 아이스크림 막대로 재빨리 걷어 내세요. 키친타월을 옆에 두고 막대에 묻은 면도 크림을 바로바로 닦아가며 완벽히 걷어내세요. 면도 크림을 종이에 너무 오래 두면 얼룩이 생기고 원하는 효과도 낼 수 없거든요.
7. 종이를 완전히 말리세요. 마르는 데 10분밖에 걸리지 않아요.
8. 종이 뒷면에도 마블링을 만들 수 있어요.

이렇게도 할 수 있어요!

- 이렇게 만든 대리석 무늬 종이로 나만의 카드를 만들거나 여러 가지 모양으로 오려 보세요.
- 대리석 무늬 종이를 만들고 남은 면도 크림을 손으로 만지며 재미있는 감각 활동을 해 보세요.

어떻게 될까요?

아름다운 대리석 무늬가 종이에 남아 있을 거예요.

🍃 알고 있나요?

대리석은 석회암이 높은 열과 압력을 받아 만들어져요. 석회암에 있던 점토나 다른 불순물 때문에 대리석에 줄무늬가 생긴답니다!

47. 밀어서 그리기

그림을 그리려면 붓이 있어야 한다고요? 신용 카드만 사용해 놀라운 예술 작품을 만드는 멋진 과정 미술 활동을 소개합니다!

준비물

- 종이테이프
- 도화지나 두꺼운 종이
- 쟁반 1개
- 수성 물감(주위에 묻을 수 있기 때문에 물로 닦아낼 수 있는 수성 물감이 좋아요.)
- 신용 카드나 작은 마분지
- 키친타월

이렇게 해 보세요!

① 종이의 가장자리 세 군데를 쟁반에 테이프로 붙이세요.

② 물감을 짜 놓을 면에는 테이프를 붙이지 마세요(사진을 참조하세요).

③ 종이 위에 물감을 몇 덩어리 짜 주세요. 두세 가지 색만으로 깔끔한 스타일의 작품을 만들 수도 있고, 최대한 많은 색을 써서 무지개 효과를 낼 수도 있어요.

④ 신용 카드로 물감 덩어리를 원하는 방향으로 긁어서 종이 전체를 채우세요.

⑤ 한 번 긁을 때마다 키친타월로 신용 카드를 닦아야 색이 섞이지 않아요.

⑥ 그림이 완성될 때까지 계속 물감을 짜고 밀어 빈 공간을 채우세요.

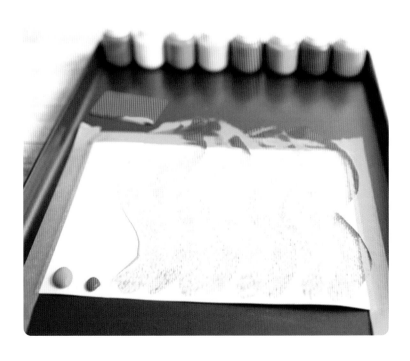

 이렇게도 할 수 있어요!

커다란 종이와 스퀴지(창문 등을 닦는 T자형 도구)를 사용해 더 크게 그림을 그려 보세요!

제5장
문제없어! 수학 놀이

수학을 제대로 익히기 위해서는 많은 반복과 연습이 필요해요. 그래서 수학이 지루하고 재미없게 느껴지는 경우가 많죠. 이 장에서 소개하는 간단한 활동을 하다 보면, 수학을 공부하고 있다는 사실도 모르는 채 수학을 배우고 익히게 될 거예요!

48. 뽕뽕이 미로 통과하기

키친타월 심은 제가 아주 좋아하는 재활용 재료 중 하나예요. 왜냐고요? 다양한 방법으로 활용할 수 있기 때문이죠. 키친타월 심을 여러 개로 잘라 **뽕뽕이**가 통과할 숫자 미로를 만들어 볼까요?

준비물

- 키친타월 심(또는 휴지 심)
- 가위
- 자
- 얇은 마분지 상자나 플라스틱 쟁반
- 목공풀
- 수성 사인펜
- 뽕뽕이 등 작고 둥근 물건

이렇게 해 보세요!

① 키친 타월심을 4 cm 길이로 자르세요.

② 자른 심 10개를 쟁반 위에 자유롭게 놓아두세요. 뽕뽕이가 심 사이로 굴러다닐 수 있도록 충분한 공간을 남겨 두세요.

③ 각각의 심을 들어 올려 밑면에 목공풀을 바른 다음, 원래 위치에 붙여 주세요. 목공풀이 마를 때까지 한 시간 정도 기다리세요.

④ 목공풀이 마르면 심 위에 1에서 10까지의 숫자를 자유롭게 쓰세요.

⑤ 뽕뽕이를 쟁반 위에 올려놓고 번호 순서로 통과시키세요.

 이렇게도 할 수 있어요!

- 여러 명이 게임을 한다면, 한 명씩 시간을 재서 누가 가장 빨리하는지 겨뤄 보세요.
- 1에서 10까지의 숫자 대신 다른 것을 심에 적어 보세요. 무지개색이나 글자도 괜찮고, 또는 2의 배수, 5의 배수, 10의 배수 같은 숫자도 좋습니다.

 왜 그럴까요?

각각의 심에 목공풀을 발라 쟁반에 고정했기 때문에 쟁반을 앞뒤로 좌우로 기울이며 움직이면 뽕뽕이가 미로를 통과할 수 있어요. 고정되지 않은 뽕뽕이는 미로 사이를 자유롭게 움직이게 됩니다.

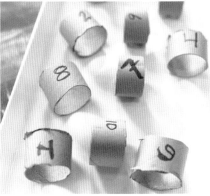

49. 떠다니는 뚜껑 연산 게임

수학의 달인이 되려면 사칙 연산(덧셈, 뺄셈, 곱셈, 나눗셈)은 기본 중의 기본이에요. 안타깝게도 이런 연습이 때로는 조금 지루할 수 있어요. 뚜껑 연산 게임을 하면 즐겁게 놀이하며 사칙 연산을 연습할 수 있어요. 준비하는 데도 몇 분밖에 걸리지 않아요.

준비물

- 넓고 얕은 그릇
- 검은색 네임펜
- 두 가지 색의 플라스틱 뚜껑 여러 개(우유병 뚜껑, 이유식병 뚜껑 등 플라스틱 뚜껑은 뭐든 괜찮아요.)
- 종이

이렇게 해 보세요!

1. 용기에 물을 3 cm 정도 높이로 채우세요. 같은 색 뚜껑끼리 모아서 위에 1에서 10까지의 숫자를 쓰세요.
2. 다른 색 뚜껑에는 + 나 - 같은 수학 기호를 쓰세요.
3. 적힌 숫자나 기호가 보이지 않도록 뚜껑을 뒤집어서 물에 띄우세요.
4. 숫자가 적힌 뚜껑, 수학 기호가 적힌 뚜껑, 숫자가 적힌 뚜껑을 차례로 하나씩 고르세요.
5. 이렇게 나온 숫자와 기호로 이루어진 종이 위에 수학식을 쓴 다음, 문제를 풀어 보세요.
6. 문제를 다 풀면 뚜껑을 다시 물에 띄우고, 또다시 도전해 보세요!

이렇게도 할 수 있어요!

- 수학 문제를 풀기 힘든 어린아이들은 뚜껑에 모양을 그린 다음 물에서 꺼내서 어떤 모양이 나왔는지 알아보세요.
- 뚜껑에 자음과 모음을 써서 단어 만들기 게임을 할 수도 있어요. 뚜껑 6~7개를 꺼낸 다음, 나온 자음과 모음을 결합하여 단어를 만들어 보세요.

왜 그럴까요?

물보다 밀도가 작은 뚜껑은 부력(물체가 물이나 공기 중에서 뜰 수 있게 해 주는 힘) 덕분에 가라앉지 않고 수면에 계속해서 떠 있을 수 있어요.

50. 샌드 쿠키 분수

과자와 과자 사이에 크림이 든 쿠키와 함께라면 모든 것이 더 즐거워지죠? 게다가 분수를 배울 때는 훌륭한 교구가 되기도 합니다. 준비 시간은 단 30초! 활동이 끝나면 먹을 수 있는 간식까지 생기니 즐거움이 두 배가 돼요!

준비물

- 단어 카드나 종이
- 사인펜이나 펜 또는 연필
- (오레오 같은) 샌드 쿠키
- 이쑤시개

이렇게 해 보세요!

❶ 단어 카드 한쪽에 분수($\frac{1}{2}$, $\frac{1}{4}$, $\frac{3}{4}$, $\frac{1}{3}$, $\frac{2}{3}$)를 적으세요. 쿠키를 둘 공간을 넉넉히 남겨둬야 해요.

❷ 쿠키에서 한쪽 과자를 떼어 낸 다음 크림이 묻은 쪽을 카드 위에 놓으세요

❸ 단어 카드에 적힌 분모의 수만큼 크림을 나누세요.

❹ 분자 수만큼 남기고 나머지 크림을 이쑤시개로 제거하세요. 분수를 완성하면 맛있는 간식도 먹을 수 있어요!

 이렇게도 할 수 있어요!

- 쿠키를 이용해 분수의 덧셈이나 뺄셈 같은 개념도 익힐 수 있어요.
- 하나는 8등분하고 다른 하나는 4등분해서 $\frac{2}{8}$와 $\frac{1}{4}$이 같다는 걸 확인해 보세요!

 왜 그럴까요?

이해하기 쉽지 않은 개념인 분수를 시각적으로 확인할 수 있게 해 주는 놀이예요. 개념이 어려우면 $\frac{1}{2}$ 같은 아주 간단한 분수부터 시작해 보세요.

쿠키에 묻은 크림으로 분수를 표현하려면 어떻게 해야 할까요? 예를 들어 $\frac{1}{3}$을 만들려면 3등분한 크림 중 하나만 남기고 나머지 두 개를 먹어 버리면 되겠죠?

51. '몇 개일까?' 어림하기

어림하기는 중요한 삶의 기술이고, 수학에서도 필수 개념이에요. 수학 개념과 방법을 배울 때, 답을 어림할 수 있으면 최종 계산이 맞는지 틀리는지 추측하는 데 도움이 돼요. 게임을 하며 어림을 재미있게 배우고 익힐 수 있어요.

준비물

- 클립, 껌, 쌀, 콩, 사탕 등 집에 있는 물건 70~200개
- 작은 투명 용기 1개
- 큰 투명 용기 1개
- 참가자 2명 이상

이렇게 해 보세요!

❶ 작은 물건 10~20개를 작은 용기에 넣으세요.

❷ 진행자가 50~200개를 큰 용기에 넣습니다. 진행자는 큰 용기에 든 물건이 몇 개인지 정확히 알고 있어야 해요

❸ 진행자가 작은 용기에 든 물건이 몇 개인지 참가자들에게 알려 주고, 참가자들은 큰 용기에 몇 개가 들어 있을지 어림해서 말해 보세요.

❹ 누가 가장 가깝게 맞혔는지 확인해 보세요.

❺ 이런 식으로 게임을 여러 번 진행합니다.

 왜 그럴까요?

어림하기는 학교생활을 하거나 일상생활을 하는 데 매우 중요해요. 예를 들어 물건을 사러 갔을 때 쓸 수 있는 돈이 2만 원밖에 없으면 카트에 실은 물건의 가격을 어림하여 그 금액을 넘지 않도록 해야겠죠? 유치원이나 학교에서도 마찬가지예요. 어림하기를 배우면 복잡한 수학 문제를 풀 때도 많은 도움이 돼요. 예를 들어 19+27 같은 문제의 답은 46입니다. 10의 단위로 가장 가까운 숫자를 사용해(이 경우는 20+30=50입니다.) 어림할 수 있으면 실제 답을 어림치로 다시 확인할 수 있고(이 경우 46은 50에 가까운 숫자입니다.) 계산한 답이 정확한지 가늠할 수 있어요.

이렇게도 할 수 있어요!

가게에서 부모님께 돈(5,000원 정도)을 받아 그 액수가 넘지 않는 선에서 원하는 물건을 살 수 있게 해 달라고 부탁하세요. 물건 가격은 딱 떨어지지 않고 1,900원이나 2,100원인 경우가 많죠. 그래서 가격을 반올림해야 하는데, 이는 실제 생활에서 사용하는 어림의 좋은 예입니다. 가게를 둘러보다가 새로운 물건을 발견하면 그 물건을 추가하고 이전에 고른 물건을 빼면서 합계를 계속 어림해 보세요.

52. 자연에서 숫자 세기

자연으로 나가는 것은 언제나 아주 좋은 생각입니다. 신선한 공기를 마시고 몸을 움직이는 것은 건강에 아주 좋으니까요. 자연을 산책하면서 수학의 재미도 잡아 볼까요?

준비물

- 메모장
- 연필

이렇게 해 보세요!

① 메모장과 연필을 가지고 산책을 나가세요.

② 자연 산책에서 찾아볼 다섯 가지 물건의 목록을 만들어 메모장에 적으세요. 물건을 몇 개 찾았는지 셀 수 있도록 물건 이름 옆에 여백을 남겨 두세요. 꽃, 다람쥐, 토끼, 새, 소화전 등 재미있는 것을 많이 찾을 수 있을 거예요! 찾은 물건을 셀 때는 줄을 똑바로 네 개 긋고, 다섯 번째 줄은 대각선으로 긋는 연습을 해 보세요. 이렇게 표시하면 산책이 끝났을 때 몇 개 찾았는지 더 빨리 세어 볼 수 있어요. ̶H̶H̶

③ 산책이 끝나면 찾은 물건의 개수가 다른 사람들과 똑같은지 확인해 보세요. 가장 많이 찾은 것은 무엇인가요? 가장 적게 찾은 것은 무엇인가요?

 이렇게도 할 수 있어요!

- 이런저런 장소까지 가려면 몇 발짝을 걸어야 하는지 세어 보세요. 현관문에서 큰 길까지 가려면 몇 걸음을 걸어야 하는지, 전봇대 사이는 몇 걸음을 걸어야 하는지를요.

- 예쁜 나뭇잎, 솔방울 등 자연에서 찾은 흥미로운 물건을 모을 수도 있어요. 집에 돌아와서 발견한 것들을 분류하고 세어 보세요.

 알고 있나요?

자연 산책을 하면 탐색할 만한 것이 아주 많아요. 그런데 저는 집중할 수 있는 무언가를 제공해 주면 아이들이 더욱 자세히 자연을 살펴보게 된다는 사실을 알게 되었습니다. 때로는 눈앞에 있는 아름다운 것을 놓치기도 하지만, 시각적으로 어떤 것을 찾으려고 집중하면 그 과정에서 흥미로운 것들을 두루두루 발견할 수 있어요.

53. 주사위 사칙 연산

주사위 같은 새로운 요소를 추가하면 연산 연습이 색달라지고, 더욱 재미있어지는다는 사실! 알고 있죠?

준비물

- 주사위 2개
- 메모장(없어도 괜찮아요.)
- 연필(없어도 괜찮아요.)

이렇게 해 보세요!

① 덧셈, 뺄셈, 곱셈, 나눗셈 중 어떤 연산을 연습하고 싶은지 정하세요.

② 주사위 2개를 굴려서 나온 두 숫자를 사용해 수학 문제를 만드세요.

③ 문제를 적어서 계산해도 되고, 그냥 머릿속으로 계산해도 좋아요. 답을 큰 소리로 말하세요.

④ 누가 가장 먼저 정답을 맞힐 수 있는지 다른 사람과 게임을 해 보세요! 혼자할 경우 1분 동안 얼마나 많은 수학 문제를 풀 수 있는지 시간을 재 보세요.

 이렇게도 할 수 있어요!

- 주사위를 한 개나 두 개 더 사용해서 수학 문제를 더 어렵게 만들어 보세요.

- 주사위를 굴려서 나온 두 숫자로 수학 문제를 여러 개 만들 수 있어요. 예를 들어 2와 3이 나오면 2+3, 3+2, 2-3, 3-2, 2×3, 3×2, 2÷3, 3÷2 같은 문제를 만들 수 있어요.

 왜 그럴까요?

많은 게임이 간단한 수학을 바탕으로 해요. 숫자를 가지고 게임을 하다 보면 자기도 모르게 덧셈, 뺄셈, 곱셈, 나눗셈에 더 익숙해져요. 그리고 재미도 있고요.

54. 거울로 만드는 기하학 패턴

거울 2개와 집에 있는 작은 물건만으로 아름다운 기하학 패턴을 만들 수 있어요!

준비물

- 사각 거울 2개나 양면 손거울
- 종이테이프
- 작은 물건(동전, 돌, 이쑤시개, 작게 자른 빨대 등)

이렇게 해 보세요!

① 거울의 반사면이 60도 정도의 각도로 서로 마주 보도록 거울 뒷면에 테이프를 붙이세요(사진을 참조하세요.). 거울의 각도를 더 크거나 작게 하면, 다양한 효과를 줄 수 있어요.

② 거울을 탁자 위에 수직으로 세우세요.

③ 거울 사이에 몇 가지 물건을 놓으세요.

④ 거울에 비친 물건들이 어떻게 보이는지 살펴보세요.

 이렇게도 할 수 있어요!

- 삼각형, 사각형, 원 등의 모양으로 색종이를 작게 오려 거울 사이에 놓아 보세요. 놀랄 만큼 멋진 예술 작품이 만들어질 거예요.
- 블루베리, 당근, 바나나 조각 같은 작은 과일과 채소로 재미있고 맛있는 예술 작품도 만들어 보세요!

 왜 그럴까요?

거울은 빛을 반사하는 은이나 알루미늄 층으로 덮인 평평한 표면입니다. 거울은 빛을 반사해서 우리가 어떻게 생겼는지, 앞에 놓인 물체가 어떤 모양인지 보여 줍니다. 거울의 두 반사면이 서로 마주 보면 물체가 반사되어 기하학 패턴이 반복되는 것 같은 착시 현상이 일어납니다. 각도가 작을수록 물체가 여러 번 반사됩니다.

55. 분수 동물

분수의 개념을 익히는 것이 쉽지만은 않아요. 하지만 다채로운 모양을 사용해 예술 작품을 만들어 보면서 재미있고 창의적으로 분수를 배울 수 있어요!

준비물

- 가위
- 다양한 색의 색지
- 사인펜이나 펜 또는 연필
- 풀
- 흰색 종이

이렇게 해 보세요!

❶ 여러 색의 색지를 원, 사각형, 삼각형으로 오리세요.

❷ ❶에서 만든 도형을 자유롭게 이등분, 삼등분, 사등분, 육등분 혹은 팔등분하세요.

❸ 이등분한 도형에는 각각 $\frac{1}{2}$ 을, 삼등분한 도형에는 각각 $\frac{1}{3}$ 을, 8등분한 도형에는 각각 $\frac{1}{8}$ 을, 이런 식으로 모든 조각에 분수를 써넣으세요.

❹ 분수가 적힌 조각을 사용해 어떤 동물을 만들 수 있는지 상상하면서 만들어 보세요.

❺ 만든 동물을 흰색 종이에 붙이세요.

❻ 눈, 코 등을 그려 작품을 완성하세요.

 이렇게도 할 수 있어요!

- 도형 조각을 다시 조립해 분수의 조각이 어떻게 전체 모양을 구성하는지 확인해 보세요. 예를 들어 2조각으로 나눈 하트 조각을 합쳐 하트를 만들어 보세요.

- 파란 종이를 배경으로 물고기나 바다 동물도 만들어 보세요.

 왜 그럴까요?

분수는 전체에 대한 부분을 나타내는 수입니다. '분수 동물' 활동을 하며 분수의 개념을 시각적으로 배울 수 있어요. 오린 조각이 모여 하나의 도형을 이루는 모습을 보기도 하고, 분수가 적힌 도형 조각을 가지고 놀면서 동물을 만들다 보면 분수 개념에 익숙해지게 되지요.

56. 연산 카드 게임

'전쟁'이라는 카드 게임은 고전적인 카드 게임입니다. 카드를 뒤집어서 숫자가 큰 카드를 낸 사람이 상대편의 카드를 갖고, 이 과정을 반복해 카드를 모두 가진 사람이 이기는 게임이에요. 숫자를 배우거나 어떤 숫자가 다른 숫자보다 큰지 배우는 데에 더할 나위 없이 좋아요. 이 게임을 응용해 덧셈과 곱셈 같은 연산 연습을 해 볼까요?

준비물

- 트럼프 카드 1벌
- 참가자 2명 이상

이렇게 해 보세요!

❶ 모든 참가자가 카드를 똑같이 나눠 가지세요.

★ 얼굴이 그려진 J, Q, K 카드는 10으로 계산하고 에이스는 11로 계산합니다.

❷ 각각의 참가자가 두 장의 카드를 뒤집어 여기서 나온 두 숫자를 더하거나 곱해 보세요.

〈예〉 덧셈을 하기로 정했다면, 4와 5가 나왔을 경우 4+5=9가 됩니다. 상대방은 2와 9가 나왔을 경우 2+9=11이 되죠. 상대방의 답이 숫자가 더 크므로 뒤집은 카드를 모두 갖게 됩니다.

★ 계산한 값이 같으면, 참가자는 각자 세 장의 카드를 뽑아 숫자가 보이지 않게 뒤집어 놓은 다음 다시 카드를 두 장 뽑아 계산합니다. 계산한 값이 더 큰 사람이 카드를 모두 가져갑니다.

❸ 카드를 모두 가진 사람이 게임에서 이깁니다.

★ 게임 시간을 짧게 하려면 제한 시간을 정하고(10~20분 정도가 적당합니다.) 게임이 끝났을 때 카드를 가장 많이 가지고 있는 사람이 이기는 것으로 해도 됩니다.

🔦 이렇게도 할 수 있어요!

덧셈을 한 것과 곱셈을 한 것 중에서 큰 숫자가 나온 쪽을 선택하는 방식으로 게임을 할 수도 있어요. 이렇게 재미있는 방식으로 게임을 하다 보면 곱셈한 값이 덧셈한 값보다 크지 않은 경우도 있다는 사실을 알게 됩니다. 예를 들어 1과 3을 뽑았을 경우 1+3=4가 되고, 1×3=3이 되기 때문에 여기서는 덧셈을 선택해 4라는 더 큰 값을 선택하겠죠. 이 방법에서 에이스는 1로 계산하세요.

🍃 알고 있나요?

게임으로 익히면 수학이 갑자기 재미있어지고 자기도 모르는 사이에 계속해서 연산 연습을 하게 됩니다. '연산 카드 게임'을 하면 곱셈 계산을 반복해서 하게 되어 구구단을 암기하는 데에 특히 큰 도움이 됩니다.

57. 동전 분류하기

동전을 분류하는 것은 매우 유익한 수학 활동입니다. 돈의 가치를 배울 수 있을 뿐 아니라. 10, 50, 100, 500으로 단위를 건너뛰면서 계산하는 법(뛰어세기)을 익힐 수 있기 때문이죠.

준비물

- 10원, 50원, 100원, 500원 동전

 이렇게도 할 수 있어요!

- 동전을 모아 1,000원을 만들어 보세요. 또 다른 동전을 모아 1,000원을 만들어 보세요. 이때 첫 번째 1,000원과 두 번째 1,000원은 다른 액수의 동전으로 이루어져야 해요. 예를 들어, 100원짜리 동전 10개를 모아 1,000원을 만들 수도 있고. 100 원짜리 5개, 500원짜리 1개를 모아 1,000원을 만들 수도 있어요.

- 여러분이 가진 돈으로 1,000원을 만들 수 있는 경우는 몇 가지나 있나요?

이렇게 해 보세요!

❶ 액수가 같은 동전끼리 분류하세요.

❷ 액수별로 분류한 동전을 탑처럼 쌓은 후 다음 질문에 답해 보세요.

- 얼마짜리 동전의 개수가 가장 많은가요?

- 동전 더미 중에서 합계가 가장 큰 것은 어느 것인가요?

- 100원짜리 동전은 몇 개 있나요?

- 100원짜리 동전을 합하면 얼마인가요?

- 돈을 전부 다 합하면 얼마인가요?

🔍 왜 그럴까요?

10, 50, 100, 500으로 단위를 건너뛰면서 계산하는 것은 덧셈, 뺄셈, 곱셈, 나눗셈을 배우는 데 도움이 됩니다. 뛰어세기에 익숙해지면 덧셈과 뺄셈은 물론 좀 더 복잡한 수학을 할 때도 빠르게 계산할 수 있기 때문에 수학 문제를 훨씬 더 쉽게 풀 수 있어요.

제6장

STEAM으로 놀자!

STEAM 개념을 익히는데 나이는 그리 중요하지 않아요. 만 2세부터 깜짝 놀랄 정도로 번뜩이는 아이디어를 내는 아이가 많답니다. 이 시기는 필수 운동 기능이 급격히 발달하는 시기이기도 하죠. 이 장에서는 신체 기능 발달에 도움이 되는 STEAM 활동을 따로 모았어요. 파스타 탑 (120쪽), 반대로 그리기(129쪽) 같은 활동은 아이는 물론 어른까지 나이에 상관없이 즐길 수 있는 신체 활동이면서, 유아 발달에 특히 잘 맞춰진 활동입니다.

58. 클레이 미로

미로는 만드는 것도 재미있지만 탈출하는 것도 무척 재미있어요! 소근육 운동과 구강 운동 기능 발달에 도움이 되면서 창의력도 발휘할 수 있는 멋진 활동을 소개합니다.

준비물

- 클레이
- 큰 쟁반 또는 평평한 바닥
- 탁구공 1개
- 빨대

이렇게 해 보세요!

① 클레이를 굴려 긴 선을 만드세요.

★ 선을 가늘게 만들면 공이 미로를 벗어나기 쉬워 게임이 어려워집니다. 반대로 선을 두껍게 만들면 공이 미로를 벗어나지 않아 게임이 쉬워집니다.

② 큰 쟁반이나 평평한 바닥에 클레이 선을 이용해 미로를 만드세요.

③ 미로의 시작 부분에 탁구공을 놓고 빨대로 탁구공을 불어 미로를 통과시켜 보세요.

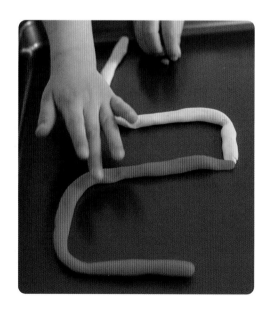

왜 그럴까요?

클레이를 반죽하고 굴리는 것은 소근육 운동 기능 발달에 도움을 주고, 빨대로 공을 부는 것은 구강 운동 기능을 키우는 데에 좋아요.

이렇게도 할 수 있어요!

클레이 선으로 소용돌이 모양(또는 달팽이 모양)을 만들어 보세요. 가운데부터 시작해 점점 더 크게 퍼져 나가도록 선을 빙빙 돌려 만드세요. 탁구공이 잘 굴러갈 수 있도록 클레이 선과 선 사이의 폭을 충분히 띄어야 해요. 미로가 완성되면, 입구에 공을 놓고 빨대로 불어 가운데까지 움직여 보세요.

59. 컵 쌓기

신나는 컵 쌓기 놀이는 가장 기초적인 건축 활동이기도 합니다. 단어 카드를 활용하면 컵을 뒤집어 놓을 수도 있고 똑바로 놓을 수도 있어서 더 흥미롭고 정교한 작품을 만들 수 있어요!

준비물

- 작은 종이컵이나 플라스틱 컵 50~100개
- 단어 카드나 자른 마분지(또는 한글 카드나 속담 카드) 25~50개

이렇게 해 보세요!

재료를 모아서 건축을 시작해 보세요! 컵과 단어 카드를 사용해 장벽이나 요새 같은 구조물을 만들어 보세요. 가능한 탑을 높이 쌓거나 다리를 만들어 보세요. 직사각형, 삼각형, 정사각형 같은 도형을 만들어도 돼요

 이렇게도 할 수 있어요!

컵과 단어 카드로 다리를 만들고, 작은 장난감을 올려 보면서 다리가 지탱할 수 있는 무게를 확인해 보세요.

 왜 그럴까요?

컵과 단어 카드를 조합하면 쌓기 쉬워 구조물을 만들기 좋아요. 창의력을 조금만 발휘하면 놀라운 작품을 만들어 낼 수 있어요! 컵 쌓기는 집중력과 인내력을 길러 주고, 소근육 운동 기능 발달에도 도움이 됩니다.

60. 포스트잇 비밀 상자

포스트잇이 훌륭한 포장지가 될 수 있어요! 집에 있는 투명 용기를 활용하는 흥미진진한 놀이입니다. 포스트잇으로 하는 활동은 소근육 발달에 효과적입니다.

준비물

- 참가자 2명
- 뚜껑이 있는 투명 용기
- 쌀(흔들면 소리가 나요.), 작은 공룡 장난감, 작은 크기의 간식이나 동물 모양 크래커 등 용기에 넣을 물건
- 포스트잇(색이 다양할수록 좋아요.)
- 가위(없어도 괜찮아요.)
- 연필 1개(없어도 괜찮아요.)

이렇게 해 보세요!

❶ 참가자 한 명이 재미있는 물건들을 용기에 넣습니다. 무엇을 넣었는지는 나중에 포스트잇을 떼어 내면 알게 될 거예요. 쌀을 넣으면, 이 비밀 상자를 흔들 때 재미있는 소리가 난답니다!

❷ 뚜껑을 닫고 용기가 완전히 덮여 안에 든 물건이 보이지 않을 때까지 포스트잇을 붙이세요. 가위로 포스트잇을 잘라 더 작은 조각으로 만들거나 연필로 포스트잇 끝을 말아도 돼요.

❸ 용기가 완전히 덮이면 다른 참가자가 포스트잇을 하나씩 떼어 내면서 그 속에 무엇이 있는지 알아맞혀 보세요!

❹ 포스트잇을 다 떼어 낸 다음에는 용기를 기울이고 돌리면서 안에 든 물건이 무엇인지 살펴보세요.

❺ 용기에서 물건을 꺼내고 차례를 바꿔서 포스트잇을 떼어 냈던 사람이 다른 물건을 용기에 넣고 포스트잇을 붙이세요.

 이렇게도 할 수 있어요!

친구나 부모님에게 탁자나 벽에 포스트잇을 붙여 어떤 무늬를 만들어 달라고 한 다음 이 무늬를 똑같이 만들어 보세요

 왜 그럴까요?

용기에 포스트잇을 붙이고 떼는 일은 손가락을 많이 움직여야 해서 소근육 운동 기능을 길러 줍니다. 손에 달라붙은 포스트잇을 떼어 내는 것도 소근육 발달에 도움이 돼요. 안에 든 물건이 무엇인지 알아맞히기 위해 포스트잇을 한 장 한 장 떼어낼 때 아이들의 호기심도 자극되지요.

61. 파스타 탑

조금 더 특별한 클레이 작품을 만들어 보고 싶나요? 파스타를 추가하면 더 멋진 작품을 만들 수 있어요!

준비물

- 클레이(한 가지 색이나 여러 가지 색)
- 익히지 않은 파스타 면(어떤 종류라도 괜찮지만 제가 제일 좋아하는 것은 펜네, 리가토니, 링귀네, 스파게티입니다. 슈퍼마켓에 가면 국수 모양 스파게티 외에도 다양한 모양의 파스타가 있어요.)
  - ★ 파스타가 없으면, 빨대나 이쑤시개를 사용해 보세요!

이렇게 해 보세요!

① 클레이를 동그랗게 빚은 다음 파스타의 양 끝에 꽂으세요.
② 파스타와 클레이를 계속 추가해 탑 같은 구조물을 만드세요.
  - ★ 가장 높은 탑을 만들어 보세요. 함께 힘을 합쳐 만들 수도 있고 누가 더 잘 만드는지 경쟁해 볼 수도 있어요. 링귀네나 스파게티 같이 길고 얇은 파스타가 있으면 훨씬 더 재미있어요.

 이렇게도 할 수 있어요!

파스타와 클레이로 동물을 만들어 보세요! 장난감 눈알을 붙이면 동물이 마치 살아 있는 것 같겠죠?

 왜 그럴까요?

파스타는 클레이에 잘 들러붙어서 작품을 세로로 높게 만들기 쉬워요. 그래서 파스타를 추가하면 탑이나 높은 구조물로 쉽게 만들 수 있습니다.

62. 가라앉을까 뜰까

집에 있는 물건들이 물에 가라앉는지 뜨는지 실험해 보면서 부력과 밀도의 개념을 즐겁게 배워볼까요?

준비물

- 수건 1장
- 양동이나 대야 1개
- 물
- 집에 있는 물건(뚜껑, 동전, 작은 장난감, 연필, 열쇠, 주방용품, 조립 블록, 크레용, 알루미늄 포일로 만든 공, 포도, 블루베리, 오렌지 등)
- 종이와 연필

이렇게 해 보세요!

❶ 종이에 두 칸으로 된 표를 그리고 각각의 칸에 '가라앉음'과 '뜸'이라고 쓰세요.

❷ 바닥이나 탁자 위에 수건을 준비해 두세요.

  ★ 야외에서 하는 것이 좋아요. 실내에서 한다면, 바닥에 흘린 물을 닦을 수건과 물에서 꺼낸 물건을 놓아 둘 곳을 미리 준비하세요.

❸ 양동이에 물을 절반 정도 채우고 물에 넣을 물건을 고르세요.

❹ 고른 물건이 물에 가라앉을지 뜰지 예측해 보세요. 그런 다음 그 물건을 물에 넣어서 예측한 것이 맞았는지 확인해 보세요.

❺ 물건을 하나씩 실험해 본 다음, ❶에서 만든 표의 알맞은 칸에 물건의 그림을 그려 넣으세요.

 이렇게도 할 수 있어요!

- 목욕할 때 이 활동을 해 보세요. 목욕하는 시간이 훨씬 더 재미있고 교육적이 될 거예요!
- 물에 식용 색소 몇 방울을 넣으면 더욱 재미있을 거예요!

 왜 그럴까요?

'밀도'란 단위 부피에 대한 질량의 크기를 말합니다. 작지만 무거운 것(돌)은 밀도가 크다고 하고, 크지만 가벼운 것(폼 블록)은 밀도가 작다고 해요. 이 활동의 목표는 물체의 밀도가 물보다 큰지 작은지를 실험해 보는 것이에요. 물체가 물에 가라앉으면 물보다 밀도가 큰 것이고, 물에 뜨면 물보다 밀도가 작은 것이에요. 어떤 물건이 물보다 밀도가 작으면, 물에 뜨는 힘인 '부력'이 있다고 말할 수 있어요.

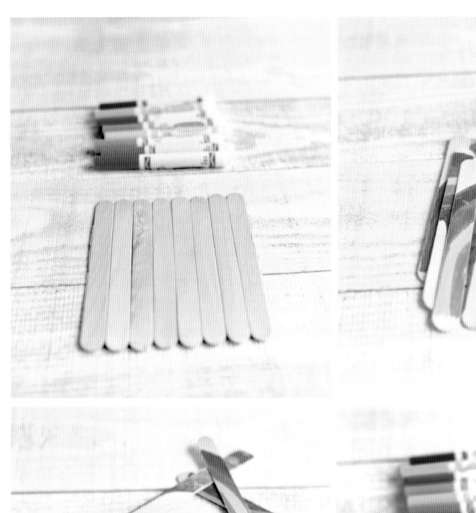

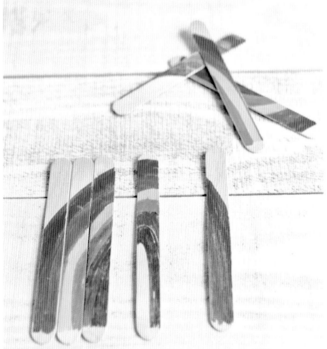

63. 아이스크림 막대 퍼즐

아이스크림 막대 퍼즐은 간단히 만들 수 있는 데다 색깔, 모양, 글자나 숫자를 배우는 교구로도 활용할 수 있어요.

준비물

- 나무색 아이스크림 막대 8개
- 테이프
- 사인펜

이렇게 해 보세요!

① 아이스크림 막대를 나란히 눕혀 놓습니다(사진을 참조하세요.).

② 테이프를 두 줄로 붙여 막대를 고정합니다.

③ 테이프로 붙인 면이 바닥으로 가게 아이스크림 막대를 뒤집으세요.

④ 아이스크림 막대 전체에 그림을 그리세요.

　★ 모양, 글자, 숫자 같은 것을 그려 보세요.

⑤ 그림이 완성되면 반대쪽에 있는 테이프를 뗍니다.

⑥ 그림 조각들을 뒤섞어 놓은 다음 올바른 순서로 다시 맞추어 보세요.

 이렇게도 할 수 있어요!

아이스크림 막대에 그림을 그려 퍼즐을 만들어 달라고 친구에게 부탁한 다음 그 퍼즐을 풀어 보세요.

 알고 있나요?

퍼즐은 문제 해결 능력, 인내력, 2D 조립 기술이 필요하기 때문에 공학적 개념을 익히는 첫걸음으로 좋습니다. 퍼즐을 풀면서 집중하는 법을 배울 뿐만 아니라, 퍼즐을 다 맞추어 그림을 완성하면 성취감도 맛볼 수 있어요. 또한 퍼즐의 작은 조각을 이리저리 움직이면서 소근육 운동 기능도 발달시킬 수 있습니다.

64. 시리얼 상자 퍼즐

밝고 다양한 색의 그림이 그려진 시리얼 상자는 글자와 그림이 적절히 섞여 있어 수제 퍼즐을 만들기에 더없이 좋은 재료입니다. 뒷면에 자신만의 디자인으로 그림을 그려 넣어 양면 퍼즐을 즐길 수 있는 게 가장 큰 장점이에요!

준비물

- 가위
- 빈 시리얼 상자 1개
- 사인펜이나 크레용(없어도 괜찮아요.)
- 지퍼 백(보관용)

이렇게 해 보세요!

1. 시리얼 상자의 앞면을 잘라내면 커다란 직사각형이 됩니다. 양면 퍼즐을 만들고 싶으면 뒷면에 사인펜이나 크레용으로 그림을 그리세요.
2. 그림이 완성되면 퍼즐 조각으로 자릅니다.
   ★ 어떤 것은 직선으로, 어떤 것은 물결 모양으로 자르세요.
   ★ 퍼즐을 어렵게 하고 싶으면 작은 조각으로, 쉽게 하고 싶으면 큰 조각으로 자르세요.
3. 다 자른 뒤에는 조각을 골고루 섞은 다음 퍼즐을 맞춰 보세요.

 이렇게도 할 수 있어요!

그림이 다른 시리얼 상자 두 개로 퍼즐 두 개를 만들고 모두 다 섞은 뒤 맞춰 보세요.

 알고 있나요?

퍼즐은 2D 조립 능력과 문제 해결 능력을 기르는 데에 좋습니다. 퍼즐을 풀 때는 시간이 걸리기 때문에 몰입력, 집중력, 인내력을 기르는 데에도 도움이 돼요. 패턴을 찾고 조각을 맞춰서 그림을 완성해야 하니까요. 시리얼 박스 뒷면에 창의력을 발휘해 자신만의 퍼즐도 만들 수 있어요.

65. 물을 구부리는 마술

정전기는 물체의 표면에 전하가 쌓이면서 발생해요. 머리카락이 쭈뼛 서거나 친구들을 만지면 따끔거린 적 있죠? 바로 정전기 때문이에요. 이 실험에서는 정전기로 수도꼭지에서 흐르는 물을 구부릴 거예요.

준비물

- 풍선 1개
- 물이 흐르는 수도꼭지

이렇게 해 보세요!

❶ 풍선을 불어 주세요.

❷ 수도꼭지를 틀어 찬물이 조금씩 흐르게 하세요.

❸ 수도꼭지 옆으로 풍선을 가져다 대고 물의 방향이 바뀌는지 확인해 보세요(바뀌지 않아요.).

❹ 풍선을 머리카락에 10초 정도 문지르세요.

❺ 흐르는 물 옆에 풍선을 가져다 대고 무슨 일이 일어나는지 지켜보세요.

 어떻게 될까요?

물줄기가 풍선 쪽으로 구부러져요!

 왜 그럴까요?

원자는 중성자, 양성자, 전자로 이루어져 있어요. 보통 상태에서는 물질 대부분은 중성이에요. 하지만, 풍선을 머리카락에 문지르면 전자가 풍선으로 옮겨 가면서 (-)전하를 띠게 돼요. 물은 (+)전하를 약간 띠고 있어, (-)전하를 띤 풍선을 가까이 대면 서로 끌어당겨요. 그래서 물이 풍선 쪽으로 구부러져요. 풍선을 머리카락에 문지르면 머리카락이 위로 삐죽 서는 모습, 본 적 있나요? 전자들이 풍선으로 옮겨 가면서 머리카락이 (+)전하를 띠게 되기 때문이에요. (+)전하를 띠고 있는 머리카락들과 (-)전하를 띤 풍선이 서로 끌어당겨 머리카락이 위로 서는 것이지요!

💡 이렇게도 할 수 있어요!

- 물의 온도가 바뀌면 물이 휘는 정도도 달라지는지 실험해 보세요.

- 물줄기의 굵기에 따라 휘는 정도가 어떻게 다른지 비교해 보세요.

- 풍선 대신 빗으로 실험할 수도 있어요.

66. 면도 크림으로 색깔 섞기

면도 크림으로 색깔을 섞어 볼까요? 면도 크림은 촉감이 재미있지만 가지고 놀 때 지저분해지기 쉬워요. 면도 크림의 촉감을 마음껏 즐기되 지저분해지지 않는 방법을 소개합니다.

준비물

- 3.8 L 정도 크기의 지퍼 백
- 면도 크림
- 빨간색·파란색·노란색 액상형 식용 색소(또는 물감)
- 박스 테이프나 마스킹 테이프

이렇게 해 보세요!

① 지퍼 백을 탁자 위에 옆으로 뉘어 놓고 면도크림을 안에 넣으세요. 지퍼 백 윗부분까지 면도크림을 꽉 채우지 않아야 색소를 넣기가 쉬워요.

② 면도 크림 여기저기에 색깔별로 식용 색소를 6~8방울 떨어뜨리세요. 색깔이 서로 떨어져 있어야 면도 크림을 움직이며 색을 섞을 수 있어요.

③ 지퍼 백을 평평하게 눌러 공기를 최대한 뺀 뒤 밀봉하세요.

④ 지퍼 백의 위쪽과 아래쪽에 테이프를 붙여 탁자에 고정하세요.

⑤ 면도 크림을 눌러 이리저리 움직이게 해서 색깔을 섞어 보세요. 빨간색과 노란색이 섞이면 무슨 색이 되는지, 파란색과 빨간색은, 파란색과 노란색은 무슨 색이 되는지 살펴보세요.

 이렇게도 할 수 있어요!

면도 크림이 든 지퍼 백에 도형, 문자, 숫자를 그리면서 또 다른 감각 놀이를 해 보세요.

 왜 그럴까요?

원색에는 빨간색, 노란색, 파란색 세 가지가 있습니다. 이 중 두 가지가 섞이면 간색이 생겨납니다. 빨간색+노란색=주황색, 노란색+파란색=초록색, 빨간색+파란색=보라색으로요. 색을 넣으면 면도 크림에 흡수되지만, 그냥 색이 섞이지는 않습니다. 색을 섞으려면 면도 크림을 꽤 열심히 주물러야 합니다. 면도 크림이 거품, 즉 미세한 기포가 있는 액체(비누와 물)이기 때문이죠. 이런 독특한 성질 덕분에 재미있는 감각 놀이를 할 수 있습니다.

67. 반대로 그리기

그림은 빈 도화지에 선이나 색을 더해 그린다고 생각하죠? '반대로 그리기'는 이러한 생각을 거꾸로 뒤집는 활동입니다.

준비물

- 연필이나 지워지는 크레용
- 흰색 종이
- 지우개

이렇게 해 보세요!

1. 연필이나 지워지는 크레용으로 종이를 완전히 칠하세요. 짙은 색일수록 좋습니다. 옅은 색이면 반대로 그릴때 그림이 잘 보이지 않아요.
2. 지우개로 연필이나 크레용으로 칠한 것을 지워서 그림을 '그려' 보세요. 그림이 완성될 때까지 계속 지우세요!

알고 있나요?

종이 전체를 완전히 칠하기 위해서는 인내력과 집중력이 필요합니다. 연필을 쥐는 법을 연습하고 소근육 운동 기능을 발달시키는 데에도 좋습니다. 그런 다음 지우개를 사용해 예술 작품을 만드는 일은 생각의 변화가 필요합니다. 여기서는 지우개가 그림을 그리는 도구입니다. 색을 추가하는 것이 아니라 색을 제거해서 예술 작품을 만드는 것이죠. 일반적인 사고방식에 도전하면서 틀에서 벗어나 생각하는 법을 배우며, 문제 해결 방법은 물론 창의력도 키울 수 있어요.

이렇게도 할 수 있어요!

- 짙은 색과 옅은 색을 같이 써서 종이를 칠해 보세요.
- 다양한 크기의 지우개로 그림을 그려 보세요.

68. 자석에 붙을까? 안 붙을까?

자기력은 아주 어린 나이부터 접하는 과학 개념입니다. 신기한 자석 장난감은 마법처럼 아이들의 마음을 사로잡아요. 매일 사용하는 물건이 자석에 붙을지, 안 붙을지 놀이하며 알아볼까요?

준비물

- 자석에 붙는 물건(클립, 핀셋, 철 수세미, 깡통, 재봉용 바늘, 공구, 열쇠고리, 너트와 볼트, 스테이플러, 건전지 등)
- 자석에 붙지 않는 물건(연필, 크레용, 플라스틱 컵, 장난감, 조립 블록 등)
- 자석

이렇게 해 보세요!

① 집에 있는 물건을 한곳에 모으세요. 자석에 붙는 것, 자석에 붙지 않는 것, 어떻게 될지 잘 모르는 것이 있을 거예요.

② 물건을 하나씩 집어 들고 추측해 보세요. 자석에 붙을까요, 붙지 않을까요? 왜 그렇게 생각하나요?

③ 자석을 물건에 대어 보고 추측이 맞았는지 확인해 보세요.

④ 자석에 붙는 물체와 자석에 붙지 않는 물체를 각각 따로 모아 놓으세요!

⑤ 계속해서 실험해 보면 마지막에는 자석에 붙는 물체와 자석에 붙지 않는 물체가 따로 놓여 있을 거예요. 이 물건을 모두 살펴보고, 물체가 어떻게 자석에 붙게 되는지 생각해 보세요. 자석에 붙는 물체의 공통점은 무엇인가요? 자석에 붙지 않는 물체와는 무엇이 다른가요?

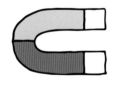

 이렇게도 할 수 있어요!

물이 채워진 유리 꽃병에 클립을 떨어뜨리고 자석을 이용해 클립을 꽃병 밖으로 꺼내 보세요. 클립이 자석을 따라 꽃병의 벽을 타고 올라올 거예요.

 왜 그럴까요?

'자기력'은 특정한 속성을 지닌 물체를 끌어당기거나 밀어내는 힘을 뜻하는 물리학 개념입니다. 자석은 자기장을 생성해 철, 니켈, 코발트로 만들어진 물체를 끌어당깁니다. 또한, 자석에는 N극과 S극이라는 두 개의 극이 있어요. 자석의 다른 극끼리는 서로를 끌어당기고 같은 극끼리는 서로를 밀어냅니다.

제7장
사계절 STEAM 놀이

계절이 바뀔 때마다 계절에 맞는 다양한 활동을 하면 한결 더 재미있어요! 부활절, 핼러윈 같은 특별한 날을 주제로 새로운 놀이를 생각해 내는 것도 신나는 일이죠. 집 밖에서는 조금 지저분해져도 괜찮으니까 봄과 여름에는 바깥에서 할 수 있는 STEAM 놀이를 최대한 많이 해 보세요. 가을과 겨울에는 낙엽, 호박, 눈 같은 그 계절에만 즐길 수 있는 자연물로 STEAM 놀이를 즐겨 보세요.

69. 볼록한 소금 그림

봄은 나무에 싹이 트고 들판에 꽃이 피어나는 아름다운 계절입니다. 볼록한 소금 그림이라는 기법으로 아름다운 꽃을 만들 수 있는 절호의 기회예요!

준비물

- 연필 1개
- 흰색 종이나 마분지(두꺼울수록 좋아요.)
- 쟁반 1개
- 목공풀
- 소금
- 수채화 물감을 담을 수 있는 작은 컵이나 용기 2개 이상
- 물
- 액상형 식용 색소(또는 물감)
- 스포이트나 붓

이렇게 해 보세요!

① 연필로 흰색 종이에 꽃을 연하게 그리세요.

② 종이를 쟁반 위에 놓고 그림을 따라 흰색 목공풀을 바릅니다.

③ 목공풀이 소금으로 완전히 덮이도록 소금을 넉넉히 뿌리세요.

④ 조심스럽게 종이를 들어, 목공풀에 붙지 않은 소금을 천천히 털어 내세요.

⑤ 컵에 물을 조금 채우세요. 색을 선명하게 표현하고 싶으면 물은 조금만 사용하세요.

⑥ 컵에 식용 색소를 4~5방울 떨어뜨리세요. 원하는 만큼 다양한 색을 만들어 보세요.

⑦ 스포이트로 그림 위에 있는 소금에 조금씩 색소를 떨어뜨려 보세요. 색이 아름답게 소금에 스며들고 여러 가지 색을 떨어뜨릴 경우 잘 섞입니다.

⑧ 원하는 만큼 색소를 떨어뜨린 다음 그림을 평평하게 놓고 하루 정도 완전히 말리세요.

🔍 왜 그럴까요?

목공풀에 소금을 뿌리면 오돌토돌 볼록한 선이 만들어져 스포이트로 떨어뜨린 색이 종이에 번지지 않게 빨아들입니다. 소금이 물감을 흡수하며 녹기 때문에, 물감을 떨어뜨리면 소금으로 만든 선 안에서 색이 아름답게 섞이고 퍼집니다.

💡 이렇게도 할 수 있어요!

- 검은색 종이 위에 축제 때 하는 불꽃놀이를 표현해 보세요!

- 이 활동은 특별한 날에 하기 좋아요. 어버이날이나 스승의 날에는 하트를 만들고, 핼러윈에는 호박과 유령을 만드는 거죠.

- 소금으로 할 수 있는 재미있는 기법이 또 하나 있어요. 수채화를 그리고 그림이 마르기 전에 소금을 뿌려 보세요. 소금이 수채화 물감을 흡수하면서 재미있는 효과를 만들어 냅니다.

70. 달걀 세우기 실험

달걀을 자세히 본 적이 있나요? 그렇다면 달걀이 타원형이고 평평한 면이 없다는 사실을 알 거예요. 달걀을 똑바로 세우려고 해 본 적이 있나요? 불가능해 보이는 일이지만, 소금을 약간 사용하면 달걀을 세울 수 있어요!

준비물

- 날달걀(껍데기를 깨지 않은 것)
- 소금 한 꼬집

이렇게 해 보세요!

① 달걀을 평평한 바닥에 똑바로 세워 보세요. 어떤 일이 일어날까요? 손을 놓자마자 달걀이 옆으로 넘어집니다.

② 식탁에 소금을 한 꼬집 뿌리고 소금 위에 달걀을 놓은 다음 똑바로 서 있는지 확인해 보세요. 몇 번만 시도하면 손을 뗄 때 달걀이 서 있게 될 거예요.

③ 달걀 옆의 소금을 입으로 불어서 날려 버리세요.

💡 이렇게도 할 수 있어요!

- 누가 가장 빨리 달걀을 세울 수 있는지 겨뤄 보세요.
- 달걀을 쓰러뜨리려면 얼마나 입김을 세게 불어야 하는지 확인해 보세요.

어떻게 될까요?

달걀이 마법처럼 저 혼자 똑바로 서 있는 것처럼 보일 거예요.

왜 그럴까요?

작은 소금 결정은 거의 완벽한 정육면체입니다. 이 작은 정육면체들이 받침대 역할을 하며 달걀의 균형을 잡아 주기 때문에 달걀이 똑바로 서 있게 되는 것이랍니다.

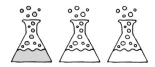

71. 걸어 다니는 종이 바퀴

집 안에서도 집 밖에서도 할 수 있는 협동 놀이는 봄에 하기 딱 좋겠죠? 크라프트지나 소포 포장지, 그리고 테이프만 있으면 거대한 바퀴를 만들 수 있어요!

준비물

- 크라프트지나 포장지 1장(폭 4.5 × 0.6 m 정도)
- 박스 테이프
- 물감이나 사인펜 또는 크레용(없어도 괜찮아요.)
- 친구들

이렇게 해 보세요!

① 종이를 바닥에 평평하게 놓으세요.

② 종이의 양쪽 끝을 테이프로 붙여서 친구들과 함께 들어갈 수 있는 커다란 원이나 바퀴를 만드세요.

③ 바퀴 겉면을 자신만의 스타일로 색칠하거나 꾸며주세요! 물론 꾸미지 않아도 괜찮아요!

④ 바퀴 안쪽 바닥에 발을 올리세요. 손을 들어 올려 머리 위에 있는 바퀴의 안쪽에 손을 살짝 대세요. 친구들과 한 줄로 서서 종종걸음으로 조금씩 앞으로 나가면 종이 바퀴도 앞으로 움직이게 됩니다.

★ 함께 움직이려면 연습과 협동심이 필요합니다. 그러지 않으면 종이가 찢어져서 다시 붙여야 해요.

 이렇게도 할 수 있어요!

인원이 충분하면 바퀴 두 개를 만들어 겨뤄 보세요. 바퀴를 망가뜨리지 않고 결승선을 먼저 통과하는 팀이 승리합니다.

 왜 그럴까요?

이 활동에서 바퀴가 움직이게 하려면 인내심과 협동심이 필요해요. 모두 힘을 합쳐 발을 맞추지 않으면 바퀴가 제대로 움직이지 않으니까요. 또한, 바퀴를 제대로 움직이게 하려면 어떻게 해야 할지 곰곰이 생각해야 하니까 문제 해결 능력도 기를 수 있어요.

72. 비눗방울 뱀

비눗방울 뱀이라는 긴 거품 줄을 만들어 보세요. 여러분이 직접 만들 수 있는 간단한 도구로 말이에요! 야외에서 놀기에 아주 좋은 활동입니다!

어른의 도움이 필요해요

준비물

- 가위
- 빈 플라스틱 물병 1개
- 양말 1개
- 고무 밴드 3~5개
- 주방용 세제 1큰술(15 mL)
- 물 $\frac{1}{2}$ 컵(120 mL)
- 그릇 1개

꿀팁!

비눗방울 용액에 물엿이나 글리세린을 섞으면 비눗방울이 잘 터지지 않아요.

 이렇게도 할 수 있어요!

양말에 액상형 식용 색소를 뿌려보세요. 그런 다음 비눗방울 용액에 양말을 담근 뒤 불어서 알록달록 비눗방울 뱀을 만들어 보세요!

이렇게 해 보세요!

❶ 빈 물병의 바닥을 잘라 내세요(어른의 도움이 필요해요.).

❷ 잘라 낸 쪽에 양말을 끼운 다음 고무 밴드로 고정하세요.

❸ 그릇에 주방용 세제와 물을 넣고 섞어서 비눗방울 용액을 만드세요.

❹ 양말 부분을 비눗방울 용액에 담그세요.

❺ 양말이 흠뻑 젖으면 병을 들어 올려 물병 입구에 입김을 불어넣으세요. 양말에서 비눗방울 뱀이 나오는 모습을 볼 수 있을 거예요!

★ 숨을 들이쉬어 거품이 입에 들어가지 않게 주의하세요.

❻ 병에 입김을 부드럽게 천천히 불어넣고, 뱀 속의 비눗방울들이 얼마나 커지는지 확인해 보세요. 비눗방울 뱀을 통해 반대편이 보일 거예요.

❼ 이제 더 빠르고 세게 입김을 불어 보세요. 뱀 속의 비눗방울이 더 작아져서 비눗방울 뱀을 통해 반대편을 볼 수 없을 거예요.

 왜 그럴까요?

부드럽게 천천히 불었을 때 비눗방울 뱀을 통해 반대편을 볼 수가 있었죠? 비눗방울들이 커졌기 때문입니다. 꿰뚫어서 볼 수 있을 때, 우리는 물체가 투명하다고 말해요. 투명하다는 말은 물체가 빛을 통과시켜 반대편에 있는 것을 볼 수 있다는 뜻입니다. 투명한 것에는 무엇이 있을까요?

입김을 더 빠르고 세게 불면 비눗방울이 작아져서 비눗방울 뱀을 통해 반대편을 제대로 볼 수가 없었죠? 이럴 때 우리는 비눗방울 뱀이 반투명하다고 말해요. 물체를 통해 반대편을 볼 수는 없지만 여전히 빛은 통과할 수 있는 것을 반투명하다고 합니다. 반투명한 것에는 무엇이 있을까요?

73. 용의 알

봄이면 우리 집에서 연례행사처럼 꼭 하는 활동이 있어요. 바로 달걀 물들이기 죠! 달걀을 용의 알(또는 공룡 알)처럼 보이게 만드는 멋진 활동입니다. 물론 먹을 수도 있어요.

어른의 도움이 필요해요

준비물

- 날달걀(껍질을 깨지 않은 것) 여러 개
- 냄비
- 물
- 작은 플라스틱 컵이나 작은 그릇 여러 개
- 액상형 식용 색소(간장도 괜찮아요.)
- 숟가락
- 키친타월

이렇게 해 보세요!

① 달걀을 삶으세요(어른의 도움이 필요해요.). 냄비에 달걀을 넣고 달걀 위로 물이 2.5cm 정도 올라와 달걀이 완전히 잠기도록 물을 넣습니다.

② 물을 끓이세요.

③ 물이 팔팔 끓으면 불을 끄고 뚜껑을 덮은 뒤 10분 정도 그대로 둡니다.

④ 달걀을 꺼내 찬물로 헹궈서 식히세요.

⑤ 컵에 달걀을 넣은 다음 달걀이 물에 잠길 정도로 물을 부으세요. 이렇게 하면, 달걀 염색에 필요한 물의 양을 정확히 알 수 있어요.

⑥ 달걀을 꺼낸 다음 컵에 원하는 색의 식용 색소를 4~8방울 떨어뜨리고 숟가락으로 저어 섞으세요.

⑦ 이제 가장 중요한 단계입니다. 달걀 껍데기 전체에 자잘한 금이 생길 때까지 탁자에 달걀을 가볍게 두드려 달걀에 멋있는 용의 알 효과를 내세요. 작은 조각이 떨어져 나가도 괜찮아요.

⑧ 금이 생긴 달걀을 색소 물이 담긴 컵에 넣고 3시간 정도 그대로 둡니다.

⑨ 달걀을 물에서 꺼내 키친타월로 물기를 제거하고 조심스럽게 껍질을 까세요.

 이렇게도 할 수 있어요!

- 삶은 달걀에 색을 입히는 재미있고 간단한 방법이 또 하나 있어요. 형광펜으로 달걀을 장식하거나, 붓과 물감을 활용하여 흩뿌리기 기법으로 달걀을 꾸며 보세요!

- '뭉게뭉게 마블링 만들기'(90쪽)와 비슷하게 휘핑크림에 식용 색소를 섞은 다음 달걀을 30~40분 정도 담갔다 꺼내면 화려하고 아름다운 달걀을 만들 수 있어요.

 어떻게 될까요?

여러분은 색소 중 일부가 달걀의 갈라진 틈으로 들어가 멋진 용의 알 효과를 만들어 냈다는 사실을 알게 될 거예요! 달걀의 모습을 감상한 다음에는 먹어 보세요! 맛이 어떤가요?

🔍 왜 그럴까요?

달걀 껍데기에 생긴 갈라지고 깨진 틈을 따라 색소가 달걀 속으로 스며들어요. 그래서 달걀에 색이 입혀지고 멋진 거미줄 모양도 생기는 거예요!

물을 끓여 달걀을 삶으면서 과학 상식에 대해서도 알아볼까요? 해수면에서는 물이 100 ℃에서 끓지만, 더 높은 고도에 있는 도시에서는 기압이 낮아져 끓는점이 152 m마다 약 0.5 ℃씩 낮아집니다. 예를 들어 1,610 m 높이의 덴버에서는 물의 끓는점이 95 ℃밖에 안 됩니다.

또한 물이 끓을 때 냄비 바닥에서 뽀글뽀글 올라오는 작은 공기 방울에 주목해 보세요. 이 공기 방울이 무엇으로 만들어진 것인지 알고 있나요? 이 공기 방울은 사실 수증기예요. 기체 상태로 변한 물이예요. 놀랍죠?

74. 도넛 백업 장애물 코스

여름에는 뭐니 뭐니 해도 장애물 코스가 제일이죠! 간단한 준비만 하면, 몇 시간 동안 밖에서 즐겁게 뛰어놀 수 있어요.

어른의 도움이
필요해요

준비물

- 다양한 색의 도넛 백업 15개 이상
- 연필(또는 나무못이나 텐트용 말뚝) 18개 이상
- 청 테이프(또는 박스 테이프)
- 빵칼(어른의 도움이 필요해요.)

이렇게 해 보세요!

다섯 개의 코스를 만들어 놀이할 수 있어요.

❶ 터널 : 연필 2개를 60~90 cm 간격으로 땅에 찔러 넣습니다. 이때 연필의 뾰족한 끝을 찔러 넣으면 편합니다. 도넛 백업의 양쪽 끝부분을 연필 2개에 꽂아서 아치처럼 만드세요. 이렇게 두 번 더 반복합니다. 큰 아이들은 이것을 장애물처럼 뛰어넘을 수도 있어요. 이 코스는 정말 재미있어서 여러 개 더 만들고 싶을 거예요. 우리 가족이 그랬던 것처럼요! (사진을 참조하세요.)

❷ 장애물 뛰어넘기 : 도넛 백업 양쪽 끝에서 30 cm 지점을 연필심으로 찔러 구멍을 하나씩 내세요. 연필의 반대편(지우개가 달린)을 구멍에 넣어 허들을 만드세요. 연필심을 바닥에 꽂아 허들을 고정하세요. 이런 식으로 허들을 두 개 더 만드세요.

❸ 고리 던지기 : 도넛 백업의 양쪽 끝이 서로 맞닿을 때까지 구부려서 동그랗게 원을 만드세요. 양쪽 끝이 평평하게 맞닿은 상태에서 청 테이프로 여러 번 감습니다. 이렇게 고리 두 개를 만드세요. 도넛 백업 하나를 빵칼로 반을 자른 다음(어른의 도움이 필요해요.), 연필을 땅에 꽂고 자른 도넛 백업 하나를 세워 고리걸이를 만드세요. 나머지 반쪽은 고리에서 적당한 거리에 두어 경계선으로 사용하세요.

❹ 평균대 : 평균대를 만들기 위해, 도넛 백업을 잔디 위에 뉘어 놓고 양 끝에 연필의 뾰족한 끝을 꽂아 바닥에 고정하세요. 이때 연필이 튀어나오지 않게 연필을 끝까지 밀어 넣어야 해요. 연필 대신 텐트용 말뚝을 사용해도 좋아요.

❺ 지그재그 달리기 : 도넛 백업을 3~4개 세워 놓고 지그재그로 달리는 것으로 코스가 마무리됩니다. 연필 여러 개를 90~120 cm 간격으로 나란히 땅에 꽂으세요. 연필 하나에 도넛 백업 하나씩을 꽂아서 세우면 준비 완료! 코스 마지막에 도넛 백업 하나를 뉘어 놓아 결승선을 표시하세요.

이렇게도 할 수 있어요!

● 도넛 백업, 청 테이프, 연필만으로 또 어떤 만들 만한 다른 장애물을 만들 수 있을까요? 상상력을 발휘해 보세요!

● 누가 가장 빨리 이 코스를 마치는지 시간을 재 보세요.

● 팀을 만들어서 릴레이 경주로도 할 수 있어요!

알고 있나요?

이 장애물 코스는 만들기 쉽고 부모님의 도움도 크게 필요하지 않은 훌륭한 공학 활동이에요!

75. 도넛 백업과 면도 크림으로 구조물 만들기

도넛 백업은 훌륭한 조립 블록이기도 해요! 여기에서는 도넛 백업을 여러 모양으로 자르고 면도 크림을 '목공풀'처럼 사용해 여러 가지 구조물을 만들 거예요. 지저분해지기 쉬운 활동이라 야외에서 하는 게 좋지만 그만큼 재미있을 거예요!

어른의 도움이
필요해요

준비물

- 도넛 백업 2개
- 빵칼(어른의 도움이 필요해요.)
- 면도 크림
- 그릇 1개
- 어린이용 칼(없어도 괜찮아요.)

이렇게 해 보세요!

❶ 빵칼로 도넛 백업을 자르세요(어른의 도움이 필요해요.). 원기둥, 반원, 사분원, 길쭉한 직사각형 등 여러 모양으로 자르세요. 모양이 다양할수록 좋아요.

❷ 그릇에 면도 크림을 넣으세요.

❸ 면도 크림을 목공풀처럼 사용해 도넛 백업 조각을 붙여 구조물을 만드세요. 어떤 구조물을 만들 수 있을까요? 동물, 건물, 탑?

★ 면도 크림을 조각에 바르기 위해서는 어린이용 칼(또는 플라스틱 칼)을 사용할 수도 있고, 손가락, 막대, 도넛 백업 조각을 사용하거나, 도넛 백업을 그냥 그릇에 담가서 쓸 수도 있어요. 다양한 도구로 면도 크림을 발라 보고 가장 효과적인 방법은 무엇인지 알아보세요.

 이렇게도 할 수 있어요!

- 도넛 백업과 면도 크림으로 탑을 최대한 높이 쌓아 보세요.
- 면도 크림 없이 도넛 백업만으로도 만들기를 해 보세요. 더 어렵나요?

 왜 그럴까요?

면도 크림은 감각 놀이를 하기에 아주 좋은 재료입니다. 지저분해지긴 하지만 재미있게 놀 수 있어요. 면도 크림은 도넛 백업 조각을 고정하는 데도 효과적입니다. 도넛 백업은 아주 가볍고 다양한 3D(3차원) 아이디어를 구현할 수 있어서 만들기와 디자인 활동에 아주 좋습니다.

76. 도넛 백업을 잡아라!

도넛 백업은 게임은 물론, 미술 활동, 만들기 등 놀이와 활동에 두루두루 쓰이는 고마운 재료예요! 이번에는 도넛 백업으로 재미있게 게임을 하면서 균형과 속도를 익힐 수 있는 활동을 소개할게요.

준비물

- 최대한 많은 참가자
- 참가자 한 명당 도넛 백업 1개

이렇게 해 보세요!

❶ 참가자 모두 도넛 백업을 하나씩 세워 잡고 2~3 발자국 간격으로 동그랗게 서서 게임을 시작합니다.

❷ 한 사람이 "하나, 둘, 셋, 출발!"이라고 외치면, 참가자들은 자신의 도넛 백업을 놓고 시계 방향(또는 시계 반대 방향)으로 움직여 옆 사람의 도넛 백업을 잡습니다. 도넛 백업을 쓰러뜨리지 않고 최대한 오래 버티는 것이 목표예요.

❸ 5~6차례 이동한 후, 모두가 한 발짝씩 뒤로 물러나 원을 더 크게 만들어 보세요. 게임이 조금 더 어려워진답니다.

❹ 도넛 백업을 잡지 못해 쓰러뜨린 사람은 탈락합니다.

❺ 마지막 한 명이 남을 때까지 몇 차례나 움직였는지 세어 보세요. 도넛 백업을 넘어뜨리지 않고 마지막에 남은 한 명이 승리자가 되는 거죠.

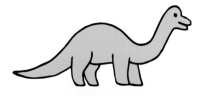

이렇게도 할 수 있어요!

- 도넛 백업을 손에서 놓고 누구의 도넛 백업이 가장 늦게 쓰러지는지 겨뤄 보세요.
- 도넛 백업 대신에 긴 막대, 야구 방망이, 하키 스틱도 사용해 보세요.

 알고있나요?

이 게임을 잘 하기 위해서는 협동심, 균형 감각, 속도가 필요합니다. "하나, 둘, 셋, 출발!"이라는 외침에 맞춰 동시에 움직여야 하기 때문에 협동심이 필요하죠. 또한 도넛 백업이 땅으로 넘어지기 전에 다음 사람이 잡을 수 있도록 봉의 균형도 똑바로 유지해야 해요. 봉이 균형을 잃으면 다음 사람이 잡기 전에 넘어지게 되니까요. 한 도넛 백업에서 다음 도넛 백업으로 빠르게 이동하려면 속도도 내야 해요. 너무 천천히 움직이면 도넛 백업이 바닥에 쓰러집니다.

77. 물 풍선으로 그림 그리기

더운 여름에 물 풍선을 가지고 노는 것보다 더 재미있는 일이 있을까요? 그런데 물 풍선을 던져서 아름다운 예술 작품을 만들 수도 있다는 것도 알고 있었나요?

준비물

- 풍선
- 물
- 큰 종이나 크라프트지 큰 롤 1개
- 큰 돌 4개
- 수성 템페라 물감
- 물감을 담을 그릇(물 풍선을 담글 수 있는 크기여야 해요.)

이렇게 해 보세요!

❶ 풍선 몇 개에 물을 채우세요. 그림을 그리는 동안 터지면 안 되니까 너무 꽉 채워서는 안 돼요. (그래도 터질 수 있으니 아슬아슬해서 더 재미있어요!)

❷ 바닥에 종이를 까세요. 종이가 바람에 날리지 않게 모서리에 돌멩이를 올려놓으세요.

❸ 그릇에 물감을 넣으세요.

❹ 풍선을 물감 그릇에 담갔다 꺼내어 종이에 그림을 그리기 시작하세요.

   ★ 풍선으로 그리는 방법은 여러 가지가 있습니다. 풍선을 굴리고 돌리고 두드려서 종이에 아름다운 무늬를 만들어 보세요.

❺ 완성된 작품을 완전히 말린 다음 옮기세요.

 이렇게도 할 수 있어요!

풍선에 물감 탄 물을 넣은 다음 옷핀으로 작은 구멍을 뚫어 보세요. 풍선을 짜면 물감이 나올 거예요. 이렇게 흩뿌리기 기법으로 멋진 작품을 만들어 보세요. 또 어떤 방법으로 풍선으로 신나게 그림을 그릴 수 있을까요?

 왜 그럴까요?

최종 결과물이 아니라 창의적인 과정에 초점을 맞추는 것을 '과정 미술'이라고 합니다. 물풍선으로 그림 그리기는 훌륭한 과정 미술 활동이에요. 풍선처럼 색다른 도구로 그림을 그리면 독특하고 창의적인 아이디어가 샘솟아 색다른 예술작품을 만들 수 있어요.

78. 거대한 비눗방울 만들기

많은 사람들이 좋아하는 비눗방울 놀이를 더욱 재미있게 할 수 있는 방법이 있어요. 거대한 비눗방울을 만들 수 있거든요. 누가 가장 큰 비눗방울을 만들 수 있는지 겨뤄 볼까요? 야외에서 하면 훨씬 더 재미있는 활동이에요!

준비물

- 주방용 세제
- 물
- 큰 그릇
- 큰 쟁반
- 15 cm 정도의 플라스틱 빨대 2개(구부러진 끝은 잘라 내세요.)
- 80 cm 정도의 면 끈

 꿀팁!

비눗방울 용액에 물엿이나 글리세린을 섞으면 비눗방울이 잘 터지지 않아요.

 이렇게도 할 수 있어요!

- 옷걸이(긴 철사도 괜찮아요.)를 둥근 모양으로 구부려 비눗방울 채로 사용해 보세요.
- 추운 날 밖에서 비눗방울을 만들어 보세요. 비눗방울 안에 있는 공기가 바깥의 공기보다 훨씬 따뜻하기 때문에 비눗방울이 위로 올라가게 됩니다.

이렇게 해 보세요!

❶ 큰 그릇에 주방용 세제와 물을 1:6의 비율로 넣고 잘 섞어 비눗방울 용액을 만드세요.

❷ 비눗방울 용액을 쟁반에 붓습니다. 비눗방울 용액이 든 쟁반을 옮기기는 쉽지 않아요. 쟁반을 적당한 곳에 미리 놓아 두고 비눗방울 용액을 부으세요.

❸ 이제 비눗방울 채를 만드세요.

 ㉠ 끈에 빨대 두 개를 끼우세요.
 ㉡ 끈의 양 끝을 마주 묶어 거대한 고리를 만들고, 끈을 움직여 매듭이 빨대 안으로 들어가게 하세요.
 ㉢ 빨대가 서로 마주 보게 떼어 놓으세요. 빨대를 잡고 벌렸을 때 끈이 직사각형 모양이 되어야 해요.

❹ ❸의 비눗방울 채를 비눗방울 용액에 푹 담근 다음, 끈이 밑으로 늘어지게 빨대 두 개를 붙여서 잡으세요.

❺ 비눗방울 채를 위로 들어 올린 다음 빨대 두 개를 벌려 끈이 팽팽해지게 만드세요.

❼ 비눗방울 채에 입김을 불거나 바람이 부는 방향으로 들어서 거대한 비눗방울을 만들어 보세요.

 ★ 이 활동은 바람이 세게 불지 않아야 잘됩니다.

🛸 어떻게 될까요?

비눗방울은 채에서 자연스럽게 떨어져 날아갈 수도 있지만, 거대한 벌레처럼 보이는 긴 비눗방울이 만들어질 수도 있어요.

🍃 알고 있나요?

비눗방울을 불면 여러 가지 재미있는 모양이 생기지만, 일단 비눗방울 채에서 따로 떨어져 나가면 거의 완벽한 공 모양이 된다는 사실, 알고 있나요? 비눗방울이 따로 떨어져 나가면 표면에 표면 장력이 생겨서 최대한 작은 형태로 줄어들게 되기 때문입니다. 공 모양이 되는 것이죠.

79. 캔디콘 쌓기

캔디콘은 미국에서 핼러윈 기간에 가장 많이 주고받는 사탕입니다. 옥수수 알 갱이 모양처럼 생겨서 캔디콘이라고 하죠. 이 사탕은 먹는 재미도 있지만, 옥수 수 모양으로 쌓을 수도 있어요!

준비물

- 캔디콘 한 봉지
- 종이 접시 1개

이렇게 해 보세요!

① 종이 접시에 캔디콘을 꺼내 놓습니다.

② 캔디콘 10~15개를 원 모양으로 놓으세요. 뾰족한 부분이 원의 중심으로 향하도록 놓으세요.

③ 1층이 완성되면 2층을 쌓으세요. 아래층의 사탕 두 개 사이에 사탕을 하나씩 고르게 놓으세요. 위층으로 갈수록 사탕이 한 개씩 줄어들 거예요.

④ 위의 과정을 되풀이하세요.

⑤ 옥수수 탑이 무너지기 전에 몇 층을 쌓을 수 있는지 확인해 보세요

 이렇게도 할 수 있어요!

옥수수 탑을 만들 때 커다란 마시멜로를 가운데 놓고 캔디콘의 뾰족한 끝을 마시멜로에 밀어 넣어 보세요. 탑을 더 높게 쌓는 데 도움이 되나요?

왜 그럴까요?

캔디콘은 삼각형 모양으로, 밑변에서 꼭지각으로 갈수록 폭이 좁아져요. 이런 모양 덕분에 캔디콘을 쌓아 원을 만들 수 있죠. 두께도 함께 얇아지기 때문에 옥수수 탑은 결국 안쪽으로 무너지게 되지만, 무너지기 전에 몇 층까지 쌓아 올릴 수 있는지 보는 것도 재미있습니다.

80. 슬라임 괴물

슬라임은 '액체 괴물'이라고도 하죠. 어린이들은 슬라임을 무척 좋아합니다. 왜 그럴까요? 독특한 질감 때문일까요? 슬라임과는 완전히 다른 몇 가지 재료를 섞어서 끈적끈적하고 물컹물컹한 슬라임을 만들 수 있기 때문일까요? 저만의 슬라임 비밀 레시피로 핼러윈 분위기를 내 볼까요?

준비물

- 물풀 $\frac{1}{2}$ 컵(120 mL)
- 베이킹 소다 $\frac{1}{2}$ 작은술(2~3 g)
- 액상형 식용 색소
- 숟가락이나 주걱 1개(일회용 숟가락이 좋아요.)
- 그릇 1개
- 콘택트렌즈 세척액 1~2큰술(15~30 mL)
- 식물성 기름이나 베이비오일(없어도 괜찮지만 끈적이는 것을 막아 줘요.)
- 장난감 눈알(뒷면에 접착테이프가 붙어있지 않은 것)
- 플라스틱 뱀파이어 이빨
- 지퍼 백(보관용)

이렇게 해 보세요!

① 그릇에 물풀, 베이킹 소다, 식용 색소 몇 방울을 잘 섞으세요.

② 콘택트렌즈 세척액 1큰술(15 mL)을 넣고 잘 섞어 주세요.

③ 슬라임이 손이나 그릇에 달라붙지 않고 집어 들 수 있게 될 때까지 콘택트렌즈 세척액을 계속 넣으세요.

④ 위에서 만든 슬라임이 계속 손에 달라붙으면 기름 몇 방울을 넣으세요. 슬라임이 달라붙는 것을 막을 수 있습니다.

⑤ 장난감 눈알과 뱀파이어 이빨을 추가해서 괴물을 만드세요.

★ 딱딱해지거나 마르기 시작한 슬라임은 물을 조금 넣고 조물조물하면 다시 말랑해져요. 슬라임이 마르지 않게 지퍼 백에 보관하는 것을 잊지 마세요.

 왜 그럴까요?

슬라임은 비뉴턴 유체이자 중합체입니다. 비뉴턴 유체는 물 같은 일반적인 유체와는 다르게 움직입니다. 천천히 잡아당기면 긴 줄로 늘어나지만 빠르게 잡아당기면 화학적 결합이 끊어지면서 잘리게 되죠. 슬라임은 중합체이기도 합니다. 중합체는 작은 분자 여럿이 모여 길고 유연한 사슬을 형성하는 물질입니다. 콘택트렌즈 세척액 같은 슬라임 활성제가 물풀 같은 중합체에 첨가되면 교차 결합이라는 과정이 일어나 물풀 분자들의 긴 사슬이 뒤엉켜 버려 덜 끈적이게 돼요. 이것이 바로 슬라임이 만들어지는 원리입니다!

81. 호박 화산

매년 저는 핼러윈 호박 만들기를 할 때를 고대했답니다! 그런데 호박 화산 활동을 해 보니 핼러윈 호박 만들기보다 재미있는 것이 있다는 사실을 알게 되었어요. 호박 화산 최고예요!

어른의 도움이 필요해요

준비물

- 늙은 호박 작은 것 1개(큰 호박도 괜찮지만 식초와 베이킹 소다가 많이 필요해요.)
- 큰 쟁반이나 그릇
- 조각칼(어른의 도움이 필요해요.)
- 숟가락이나 주걱 1개
- 베이킹 소다 1큰술(14 g) 이상
- 주방용 세제
- 액상형 식용 색소(없어도 괜찮아요.)
- 식초 1컵(240 mL) 이상

이렇게 해 보세요!

① 호박을 쟁반에 놓고, 꼭지 주위를 동그랗게 잘라 내세요(어른의 도움이 필요해요.).

② 숟가락으로 호박 안에 있는 씨와 속을 제거하세요.

③ 호박 안에 베이킹 소다, 주방용 세제 한 방울, 식용 색소 몇 방울을 넣으세요.

④ 마지막으로 식초를 넣은 뒤 호박 화산이 분출하는 모습을 지켜보세요!

★ 호박의 크기에 따라 베이킹 소다와 식초를 더 넣어야 할 수도 있어요. 거품이 분출될 때까지 계속 넣으세요.

 이렇게도 할 수 있어요!

식초를 넣기 전에 더 큰 호박에 핼러윈 유령 얼굴을 조각하세요(어른의 도움이 필요해요.). 호박 안에 큰 유리병을 넣은 다음 베이킹 소다와 식초를 섞으세요. 용암이 흐르면서 입, 코, 눈으로 나올 거예요!

 왜 그럴까요?

베이킹 소다와 식초를 섞으면 산-염기 반응이라는 화학 반응이 일어납니다. 식초는 산성이고 베이킹 소다는 염기성입니다. 이 두 가지를 섞으면 이산화 탄소라는 기체가 만들어져요. 호박에서 거품이 분출되는 건 바로 이 이산화 탄소 때문이에요.

82. 풍선 괴물

괴물을 그리는 건 무척 재미있어요. 점점 커지는 괴물을 그려볼까요?

준비물

- 풍선
- 네임펜
- 식초 1컵(240 mL)
- 빈 물병 1개
- 베이킹 소다 1작은술이나 그 이상
- 깔때기 1개

이렇게 해 보세요!

❶ 네임펜으로 풍선에 괴물을 그리세요.

❷ 식초를 물병에 담으세요.

❸ 깔때기를 이용해 풍선에 베이킹 소다를 넣으세요.

❹ 풍선 입구로 물병 입구를 덮으세요.

❺ 풍선 안에 있는 베이킹 소다가 물병 안에 있는 식초에 떨어지면 무슨 일이 일어나는지 지켜보세요.

 이렇게도 할 수 있어요!

- 스탬프용 잉크 패드로 풍선에 지문을 찍은 다음에 '풍선 괴물'과 같은 방법으로 풍선을 부풀려 보세요. 지문이 커지는 모습을 볼 수 있어요. 사람마다 다르게 생긴 지문, 여러분의 지문은 어떻게 생겼는지 잘 살펴보세요.

- 식초와 베이킹 소다의 양을 조절하면서 풍선이 얼마만큼 부풀어 오르는지 관찰해 보세요

 어떻게 될까요?

풍선이 부풀어 오르고 여러분이 그린 괴물은 점점 커질 거예요!

 왜 그럴까요?

베이킹 소다와 식초를 섞으면 산-염기 반응이라는 화학 반응이 일어납니다. 식초는 산성이고 베이킹 소다는 염기성입니다. 이 두 가지를 섞으면 이산화 탄소라는 기체가 만들어져요. 이 기체가 병을 빠져나가려고 하면서 풍선이 부풀어 오르게 되는 것입니다

83. 비밀 나뭇잎 탁본

가을은 나뭇잎에 단풍이 들고 낙엽이 우수수 떨어지는 멋진 계절입니다. 나뭇잎 찍기 활동 많이 해 보았죠? 나뭇잎 찍기를 재미있게 변형한 활동을 소개할게요.

준비물

- 다양한 모양과 크기의 나뭇잎
- 흰색 크레용 1개
- 도화지나 흰색 종이
- 테이프
- 붓
- 물
- 수채화 물감

이렇게 해 보세요!

1. 밖으로 나가서 모양이 다른 나뭇잎을 여러 장 모으세요. 나뭇잎의 잎맥이 굵을수록 좋아요.
2. 흰색 크레용의 포장 종이를 모두 벗겨 내세요.
3. 나뭇잎을 놓고 그 위에 종이를 올리세요.
4. 양쪽 가장자리에 테이프를 붙여 종이를 고정하세요(사진을 참조하세요.).
5. 흰색 크레용을 옆으로 뉘어서 종이를 칠하세요. 한 번에 한 잎씩 살살 문지르세요.
6. 붓에 물을 약간 적시고 종이에 수채화 물감을 칠하세요.

 이렇게도 할 수 있어요!

- 다른 색의 크레용으로 나뭇잎을 색칠해 보세요.
- 흰색 크레용으로 메시지를 쓴 다음 수채화 물감을 칠하세요. 비밀 메시지가 나타날 거예요!

 어떻게 될까요?

흰색 크레용으로 칠한 부분은 수채화 물감이 묻지 않아요. 그래서 물감을 다 칠하고 나면, 흰색의 나뭇잎 잎맥이 잘 드러날 거예요!

 왜 그럴까요?

크레용은 왁스로 만들어졌고 왁스에는 수채화 물감이 묻지 않아요. 그래서 왁스가 칠해진 부분은 색이 입혀지지 않게 되죠. 흰색 종이에 흰색 크레용으로 그리면 그림이 보이지 않아요. 그 위에 수채화 물감을 칠하면 마치 마법처럼 나뭇잎 그림이 나타날 거예요!

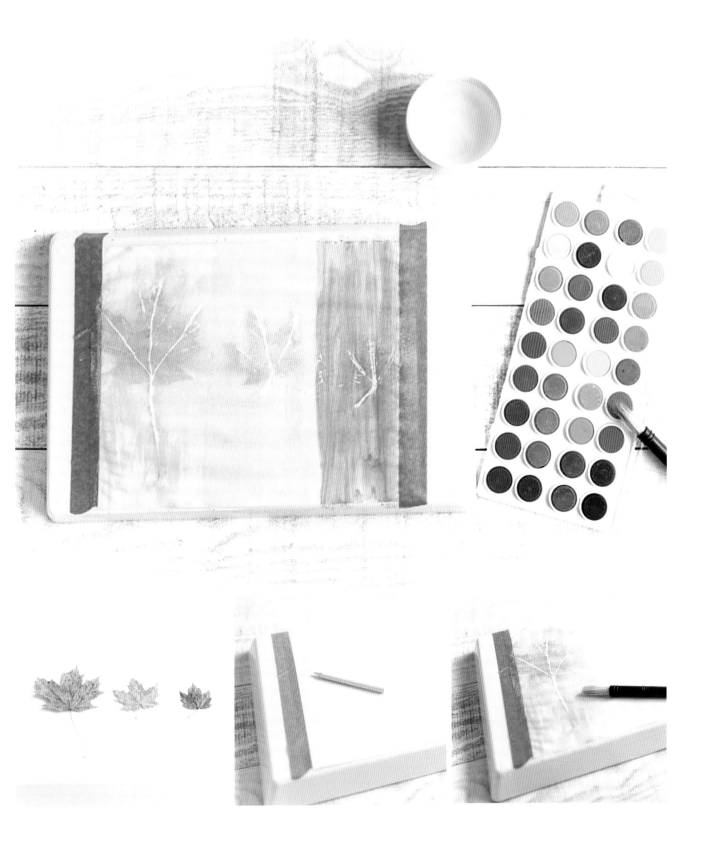

84. 부글부글 눈 화산

눈이 오면 저와 아이들은 밖에 나가 놀고 싶어 안달이 난답니다. 눈 화산 만들기는 눈이 많이 올 때마다 반드시 해야 하는 우리 집 연례행사가 되었죠. 부글부글 눈 화산은 재미있는 눈 놀이에 과학 원리가 더해진 활동입니다.

준비물

- 큰 눈 더미
- 작은 플라스틱 그릇 1개
- 식초 2~3큰술
- 주방용 세제 1큰술
- 액상형 식용 색소(또는 물감)
- 베이킹 소다 2~3큰술(30~45g)
- 숟가락 1개

이렇게 해 보세요!

❶ 커다란 눈 더미로 화산 모양을 만드세요.

❷ 꼭대기에 얕게 구덩이를 파고 작은 플라스틱 그릇을 넣으세요

❸ 식초, 주방용 세제, 식용 색소를 ❷의 그릇에 넣으세요.

❹ 베이킹 소다 2~3큰술(30~45g)을 ❸의 그릇에 넣고 잘 섞으세요. 그리고 '용암'이 흐르는 모습을 지켜보세요!

★ 용암이 흐르지 않으면 베이킹 소다나 식초를 더 넣으세요! 그러면 용암이 흐르기 시작할 거예요. 매번 다른 색의 색소를 식초와 섞어 넣으면 용암의 색이 계속해서 바뀔 거예요. 용암이 멈추면 베이킹 소다 1큰술(15g)을 더 넣으세요. 다시 흐르기 시작할 거예요!

 이렇게도 할 수 있어요!

눈이 잘 내리지 않는 따뜻한 곳에 살고 있다면 모래, 흙, 돌 같은 것으로 화산을 만들어 보세요. 야외에서 이 활동을 할 때 가장 큰 장점은 어질러 놓은 것들을 청소하는 번거로움이 훨씬 줄어든다는 사실이죠!

 왜 그럴까요?

식초와 베이킹 소다를 섞으면 산-염기 반응이라는 화학 반응이 일어나요. 식초는 산성이고 베이킹 소다는 염기성이에요. 이 두 가지를 섞으면 이산화 탄소라는 기체가 만들어져요. 이 이산화 탄소 때문에 거품이 생겨 화산에서 용암이 흘러나오는 것처럼 보인답니다.

85. 눈송이 수채화

커피 필터를 도화지 삼아 간단한 예술 작품을 만들 수 있어요. 이 활동에서는 커피 필터를 이용해 알록달록한 눈송이를 만들 거예요!

준비물

- 빨간색·노란색·파란색 액상형 식용 색소(또는 물감)
- 작은 용기 여러 개
- 물
- 흰색 커피 필터
- 가위
- 쟁반이나 접시
- 스포이트 1개

이렇게 해 보세요!

① 작은 용기 여러 개에 물 1큰술(15 mL)과 식용 색소 3~4방울을 넣어서 물에 색을 입히세요. 빨간색, 노란색, 파란색 용액을 만드는 것이 좋아요. 이 세 가지 색깔이 섞이면 새로운 색이 만들어지기 때문입니다.

② 커피 필터를 눈송이처럼 만들기 위해 필터를 반으로 네 번 접습니다. 그러면 커피 필터가 길쭉한 삼각형처럼 될 거예요.

③ 커피 필터의 가장자리를 삼각형, 반원, 사각형 등 다양한 모양으로 오려 내세요.

④ 커피 필터를 쟁반 위에 놓고 스포이트로 빨간색 용액을 몇 방울 떨어뜨리세요.

⑤ 다른 색 용액도 몇 방울 떨어뜨리세요. 색이 퍼지면서 섞이기 때문에 간격을 약간 두고 떨어뜨리는 게 좋아요.

⑥ 커피 필터에 색이 완전히 흡수된 다음 조심스럽게 펼쳐 보세요.

 이렇게도 할 수 있어요!

식용 색소(또는 수채화 물감) 대신에 수성 사인펜을 사용할 수도 있어요. 접은 커피 필터의 가장 윗면에만 그림을 그린 다음, 흠뻑 젖도록 물을 충분히 뿌려 보세요. 다양한 색의 사인펜으로 그리고 물을 뿌려 번지게 하면 식용 색소를 썼을 때와 같은 효과를 낼 수 있어요.

 어떻게 될까요?

아름답고 대칭적인 눈송이가 나타납니다!

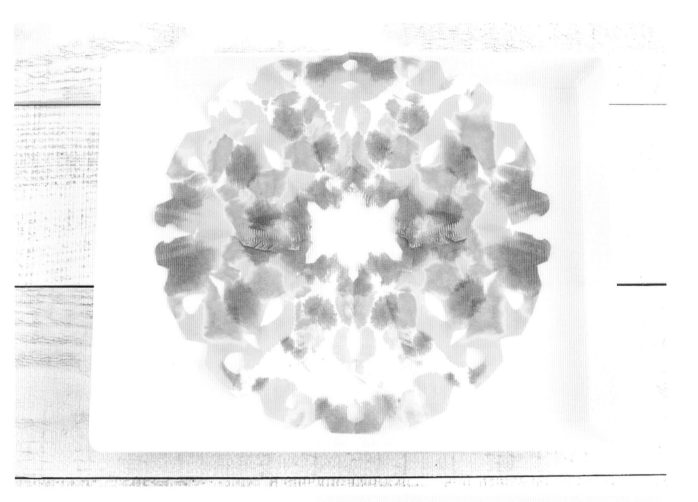

🔍 왜 그럴까요?

커피 필터에 색소 용액을 떨어뜨리면 '흡수'라는 과정이 일어나요. '흡수'는 한 사물이 다른 사물의 일부가 되는 과정이라고 정의할 수 있어요. 이 활동에서는 색소 용액이 커피 필터에 흡수되면서 커피 필터의 일부가 됩니다. 물이 마르면 필터에는 색만 남게 되지요.

또한 색상의 혼합도 관찰할 수 있어요. 빨간색, 노란색, 파란색은 원색입니다. '원색'이란 다른 색을 섞어서 만들 수 없는 색이라는 뜻이지요. 두 가지 원색을 섞으면 주황색(빨간색+노란색), 초록색(노란색+파란색), 보라색(빨간색+파란색)과 같은 간색이 만들어져요. 눈송이를 자세히 살펴보면서 원색이 만나는 지점에서 이런 간색을 찾을 수 있는지 확인해 보세요.

86. 마시멜로 이글루

마시멜로와 이쑤시개는 STEAM 만들기 활동을 하기에 최고의 재료입니다. 이 두 가지 재료만 있으면 이것저것 끊임없이 만들 수 있어요. 이번 활동에서는 이 글루를 만들어 볼 거예요. 이글루는 북극 근처에 사는 사람들이 눈을 벽돌처럼 쌓아 만든 집입니다.

준비물

- 대형 마시멜로 1봉지
- 미니 마시멜로 1봉지
- 이쑤시개 1상자

이렇게 해 보세요!

대형 마시멜로 30여 개, 미니 마시멜로 몇 줌, 그리고 이쑤시개 50개 정도로 이 글루를 만들어 보세요. 어떤 형태든 원하는 대로 이글루를 만들 수 있어요.

★ 약간의 힌트를 줄까요? 먼저 대형 마시멜로로 이글루 아랫부분을 만들기 시작하는 것이 좋아요. 이글루 입구를 만들 공간도 남겨 두세요.

이렇게도 할 수 있어요!

- 투명 플라스틱 컵을 뒤집어 그 위에 마시멜로를 붙여서 이글루를 만들면, 훨씬 쉽게 완성할 수 있어요
- 마시멜로가 없다면 클레이를 작게 뭉쳐 이쑤시개를 연결해 보세요.

알고 있나요?

이쑤시개는 마시멜로를 연결하는 완벽한 도구예요. 이 두 가지만 있으면 간단한 3D(3차원) 구조물을 만들 수 있죠. 이 활동에서는 익숙한 이글루를 자유롭게 만들면서 자신만의 디자인과 건축 방식을 적용해 볼 수 있어요.

87. 하얀 눈에 물감 뿌리기

수채화 물감을 눈에 뿌려 본 적이 있나요? 아주 재미있는 과정 미술 활동이죠. 이 활동을 하고 나면 쌓인 눈을 볼 때마다 새하얀 도화지를 떠올리게 될 거예요. 눈이 내렸나요? 그럼 이제 분무기를 만들 시간이에요!

준비물

- 분무기
- 물
- 액상형 식용 색소(또는 물감)
- 눈

이렇게 해 보세요!

❶ 분무기에 물을 채우고 색소 10방울을 넣으세요(병의 크기에 따라 색소를 더 많이 혹은 더 적게 넣을 수도 있어요.). 그리고 뚜껑을 꼭 닫으세요.

❷ 색이 다양할수록 재미있어요. 최소한 빨간색, 노란색, 파란색은 꼭 만드세요.

❸ 밖으로 나가 눈사람을 만들고, 분무기로 물감을 뿌려 옷을 만들어 주세요. 화려한 무늬의 셔츠나 물방울무늬 바지는 어떨까요?

 이렇게도 할 수 있어요!

밖에 나가기 싫다고요? 괜찮아요! 눈을 집에 가지고 들어와서 큰 그릇에 넣고 분무기로 눈을 장식해 보세요. 아니면 쟁반 위에 작은 눈사람을 만들어 놓고 분무기로 장식해 보세요. 마요네즈병이나 물약병처럼 눌러 짜내는 플라스틱병을 사용하면 훨씬 더 재미있을 거예요!

 왜 그럴까요?

과정 미술은 최종 결과물보다 예술을 만드는 행위를 더 중시하는 기법입니다. 아무런 제약 없이 원하는 대로 눈에 색칠을 하면서 창의력을 기를 수 있어요. 분무기를 꼭 잡는 동작은 소근육 발달에도 매우 좋아요.

88. 알록달록 얼음 공

날씨가 추우면 액체인 물이 고체인 얼음으로 변해요. 여러 가지 색을 써서 이 과정을 재미있게 관찰해 볼까요?

준비물

- 식용 색소(또는 물감)
- 풍선(보통 크기) 3개 이상
- 물

이렇게 해 보세요!

❶ 바람을 불어넣지 않은 풍선에 식용 색소를 5방울 정도 넣은 다음 물을 $\frac{1}{4}$ 정도 채우세요.

❷ 풍선을 묶고 색소와 물이 섞이도록 살짝 흔듭니다.

❸ 다양한 색으로 풍선 여러 개를 만드세요.

❹ 이제 풍선을 밖에 놓아 두세요. 풍선 속의 물이 얼려면 기온이 0℃ 이하여야 해요. 몇 시간 또는 하룻밤 동안 기다리세요.

❺ 풍선 속에 들어 있는 물이 딱딱하게 얼면 풍선을 잘라서 벗기세요.

 이렇게도 할 수 있어요!

- 얼음 공을 싱크대나 그릇에 넣고, 스포이트로 따뜻한 물을 떨어뜨리면서 녹여 보세요.

- 소금을 뿌리면 얼음 공이 녹는 방식이 어떻게 달라지는지도 확인해 보세요.

 어떻게 될까요?

아름다운 색깔의 공이 보일 거예요! 장식용으로 밖에 두세요. 영하의 기온이 계속되는 한 오랫동안 그대로 있을 거예요. 기온이 올라가면 어떻게 녹는지 관찰해 보세요.

 왜 그럴까요?

기온이 0℃보다 높을 때는 물 분자의 결합이 느슨해서 비교적 자유롭게 움직일 수 있습니다. 물이라는 액체 상태인 거죠. 반면, 0℃ 이하로 내려가면 물 분자의 결합이 단단해져 거의 움직이지 못해요. 얼음이라는 고체 상태가 되는 것입니다.

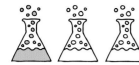

89. 즉석 안개

겨울날, 이따금 매서운 추위가 찾아오면 꼼짝도 하기 싫어요. 이런 날 움츠리고 있는 대신 밖에서 재미있게 할 수 있는 활동이 있어요!

어른의 도움이 필요해요

준비물

- 끓는물
- 컵

이렇게 해 보세요!

① 물을 끓이세요.(이 활동에서는 끓는 물을 쓰기 때문에 모든 단계에서 어른의 도움이 필요해요!)

② 물이 다 끓으면 어른이 컵에 물을 따른 다음 밖으로 가지고 가서 공중에 뿌리세요.

★ 뜨거운 물을 뿌릴 때는 주변에 사람이 있는지 꼭 확인하세요.

이렇게도 할 수 있어요!

기온이 영하 18℃ 이하일 때 밖에서 비눗방울을 불어 보세요. 비눗물을 바른 접시에 비눗방울을 올려놓으면 터지지 않습니다. 비눗방울이 얼면서 얼음 결정이 생기는 모습을 지켜보세요.

어떻게 될까요?

무엇이 보이나요? 뜨거운 물이 땅에 떨어지는 것이 아니라 공기와 부딪쳐 증발 하면서 안개로 변하는 것처럼 보여요! 정말 놀라운 광경이에요! 이 활동은 기온 이 영하 10℃ 이하로 떨어졌을 때 가장 잘됩니다.

왜 그럴까요?

공중에 흩뿌린 뜨거운 물이 얼어, 액체 상태에서 고체 상태로 변하는 거예요. 물은 아주 작은 얼음 결정으로 얼어붙게 되고, 이것이 우리에게 안개처럼 보이게 되는 거예요. 정말 멋진 일이죠!

90. 젤리 눈송이

실제 눈송이의 모양은 완벽한 대칭은 아니지만 대칭에 가까워요. 작은 젤리와 이쑤시개를 사용해서 사탕 눈송이를 만들어 볼까요?

어른의 도움이 필요해요

준비물

- 이쑤시개
- 작은 젤리(마시멜로, 포도, 젤리빈도 괜찮아요!)

이렇게 해 보세요!

① 젤리에 이쑤시개를 꽂으세요.

② 이쑤시개로 젤리들을 연결해 눈송이 모양을 만듭니다.

③ 양쪽을 똑같은 모양으로 만들어서 눈송이를 대칭으로 만드세요.

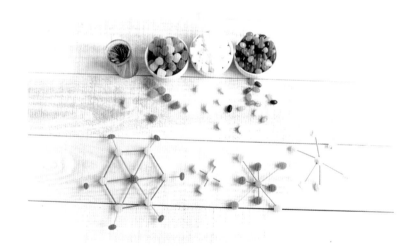

 이렇게도 할 수 있어요!

- 눈송이를 2D(2차원) 대신 3D(3차원)로 만들어 보세요.
- 젤리와 이쑤시개로 어떤 대칭 형태를 만들 수 있을까요?

 왜 그럴까요?

'대칭'은 축을 중심으로 똑같은 모양이 마주한다는 뜻입니다. 대칭을 이루는 사물을 보면 눈이 즐겁죠. 눈송이는 양쪽이 똑같아 보이지만 실제로는 완벽한 대칭은 아닙니다.

제8장
STEAM 감각 놀이

'감각 놀이'란 하나 이상의 감각(시각, 청각, 미각, 촉각, 후각)을 활동에 통합하고 강조하는 것을 뜻합니다. 감각을 활동에 통합하면 훨씬 더 재미있어지고 아이들도 더 열심히 활동에 참여하게 되죠. 이 장에서는 감각 발달에 초점을 두고 만든 활동을 소개합니다. 즐겁게 놀고 배우며 아이들의 감각을 고루 발달시킬 수 있어요.

91. 장난감 눈알 센서리 백

센서리 백(sensory bag)은 손쉽게 준비할 수 있고 다른 활동에도 다양하게 활용할 수 있어요! 괴물의 눈을 이리저리 움직여 얼굴을 만들어 보기도 하고, 얼굴의 여러 부위를 살펴보며 감각 놀이를 해 보세요.

준비물

- 4L 정도 크기의 지퍼백
- 검은색 네임펜 1개
- 헤어 젤이나 손 소독 젤 1컵(240 mL)
- 장난감 눈알(뒷면에 접착테이프가 붙어있지 않은 것) 10~15개
- 마스킹 테이프(또는 투명 포장 테이프)

이렇게 해 보세요!

1. 지퍼 백 바깥쪽에 네임펜으로 괴물을 그립니다. 단, 괴물의 눈은 그리지 마세요!

2. 헤어 젤을 지퍼 백에 넣으세요.(저는 색깔 있는 헤어 젤을 사용하는 것을 좋아하지만 투명한 헤어 젤도 괜찮아요. 색깔 있는 헤어 젤이 없으면, 투명 헤어 젤에 식용 색소를 몇 방울 넣으면 됩니다.)

3. 마지막으로 지퍼 백에 장난감 눈알을 넣고 밀봉하세요.

4. 지퍼 백의 위쪽과 아래쪽에 테이프를 붙여 평평한 바닥에 고정합니다. 바닥의 색은 하얀색이나 연한 색일수록 좋아요.

5. 지퍼 백을 눌러 눈을 움직여서 다양한 눈 모양을 만들어 보세요. 괴물이기 때문에 눈이 두 개보다 많아도 괜찮아요.

   ★ 사람의 눈은 어디에 있나요? 사람의 눈은 몇 개인가요? 두 눈은 서로 얼마나 떨어져 있어야 하나요? 괴물의 눈이 너무 가까이 붙어 있거나 너무 멀리 떨어져 있으면 이상하게 보이나요?

 이렇게도 할 수 있어요!

유명한 사람들이나 아는 사람들의 사진을 거꾸로 놓고 누구의 얼굴인지 알아맞혀 보세요. 얼굴이 거꾸로 되어 있으면 알아보기가 훨씬 더 어렵다는 사실을 깨닫게 될 거예요.

 왜 그럴까요?

사람의 얼굴에는 눈 두 개, 코 한 개, 입 한 개가 있어요. 우리는 얼굴과 눈·코·입의 특징, 배열 방법, 크기 등을 보고 사람을 알아볼 수 있지요. 사람의 얼굴은 저마다 달라요. 센서리 백은 봉지를 손으로 만지며 촉각을 사용하는 훌륭한 감각 놀이입니다. 헤어 젤 속의 눈을 이리저리 움직이면서 독특한 촉각 경험을 할 수 있어요.

92. 슬라임 바닥 풍선

슬라임은 재미있는 감각 물질일 뿐만 아니라 중합체와 비뉴턴 유체에 대해 배울 수 있는 좋은 재료이기도 합니다. 그런데 슬라임으로 풍선을 불 수 있다는 사실도 알고 있나요?

준비물

- 물풀 $\frac{1}{2}$ 컵(120 mL)
- 베이킹 소다 $\frac{1}{2}$ 작은술
- 액상형 식용 색소
- 그릇 1개
- 숟가락 1개
- 콘택트렌즈 세척액 2큰술(30 mL)
- 식물성 기름(없어도 괜찮아요.)
- 빨대 1개

이렇게 해 보세요!

① 물풀, 베이킹 소다, 식용 색소 몇 방울을 그릇에 넣고 숟가락으로 섞으세요.

② 완전히 섞여 단단해진 것처럼 보이면 콘택트렌즈 세척액을 천천히 넣으세요. 만들어진 슬라임이 그릇에 달라붙지 않게 될 때까지 콘택트렌즈 세척액을 계속해서 조금씩 넣어 주세요.

③ 기름을 몇 방울 넣으면, 슬라임이 손에 달라붙지 않아요. 이제 슬라임을 늘리면서 가지고 놀 수 있어요!

④ 탁자나 평평한 바닥에 슬라임을 펴 놓은 다음, 슬라임 안에 빨대를 넣어서 불면 풍선이 만들어져요.

★ 부드럽고 천천히 불어야 잘 만들어지나요, 빠르고 세게 불어야 잘 만들어지나요? 풍선을 터뜨리지 않고 얼마나 크게 만들 수 있나요?

 이렇게도 할 수 있어요!

슬라임으로 풍선을 잘 불 수 있게 되면, 이중 풍선(풍선 안에 풍선이 있는 것)이나 삼중 풍선도 만들어 보세요.

 왜 그럴까요?

슬라임은 독특한 특성이 있어서 조물조물 만지작거리고 늘리면서 재미있게 가지고 놀기엔 더없이 좋은 놀잇감이에요. 감각 놀이를 하기에 이상적인 물질이죠.

슬라임은 중합체이자 비뉴턴 유체입니다. 비뉴턴 유체는 물 같은 일반적인 유체와는 다르게 움직여요. 슬라임을 부드럽게 천천히 불면 풍선처럼 크게 부풀어 오르지만, 너무 빠르고 세게 불면 화학 결합이 끊어져 커지기 전에 터져 버려요.

93. 비누 클레이 만들기

비누 클레이는 만지작거리며 재미있게 놀 수 있는 슬라임 같은 물질이에요. 여기서 소개하는 비누 클레이는 두 가지만 준비하면 만들 수 있어요. 녹진녹진한 비누 클레이를 주무르고 늘리는 등 재미있는 감각 놀이를 하다 보면 몇 시간이 훌쩍 지나갈 거예요.

준비물

- 옥수수 전분 $\frac{1}{2}$ 컵(64 g) (필요한 경우 추가하세요.)
- 깨끗한 주방용 세제나 손 세정제 $\frac{1}{4}$ 컵 (60 mL) (필요한 경우 추가하세요.)
- 그릇 1개
- 주걱 1개

이렇게 해 보세요!

❶ 그릇에 옥수수 전분과 세제를 넣고 주걱으로 잘 섞어 주세요.

❷ 섞은 뒤에도 혼합물이 여전히 끈적거리면 옥수수 전분을 더 넣으세요. 혼합물이 뻑뻑하면 세제를 더 넣으세요.

★ 비누 클레이가 늘어나지만 손에 달라붙지 않아야 재료의 비율이 잘 맞는 것입니다.

 이렇게도 할 수 있어요!

- 비누 클레이를 다 가지고 논 다음에는 진짜 비누처럼 쓸 수 있어요. 손을 적신 다음 비누 클레이를 문지르세요. 세정제로 만든 클레이이기 때문에 거품이 날 거예요! 보통 비누를 사용할 때와 같은 방법으로 손에 비누를 골고루 묻힌 다음 물로 씻어 내세요.
- 비누 클레이 반죽에 색소를 넣어 다양한 색과 모양의 비누를 만들어 보세요.

 왜 그럴까요?

비누 클레이는 옥수수 전분으로 만들어졌습니다. 그러니까 비누 클레이가 비뉴턴 유체라는 뜻이죠. 비뉴턴 유체는 일반적인 유체와는 매우 다르게 움직여요. 비뉴턴 유체는 세게 잡아당기면 고체처럼 작용하여 끊어집니다. 그러나 천천히 잡아당기면 결합이 끊어지지 않기 때문에 유체와 비슷하게 작용하여 긴 끈처럼 늘어나요.

94. 자연 감각 산책

자연으로 나가면 멋진 감각 활동을 할 수 있어요! 풍경, 냄새, 소리, 질감 때로는 맛까지…. 자연에는 우리의 오감을 자극할 수 있는 기회가 넘쳐 납니다!

준비물

- 운동화
- 모은 물건을 담을 바구니

이렇게 해 보세요!

자연을 산책하며 무엇을 찾을지, 어떤 것을 모을지 정해 놓으세요. 가능성은 무궁무진 하지만 몇 가지 아이디어를 알려 드릴게요.

- 다양한 색의 물건을 찾고, 누가 가장 다양한 색을 모았는지 확인해 보세요.
- 나뭇잎, 막대, 야생화 등을 모아서 예술 활동을 해 보세요. 산책이 끝나면 모은 것을 종이에 붙여 아름다운 작품을 만드는 거예요.
- 막대, 돌 같은 물건을 모아서 구조물을 만들어 보세요.
- 자주 보지 못했던 독특한 물건을 모은 다음, 누가 가장 흥미로운 물건을 찾았는지 확인해 보세요.
- 산책하는 동안 새, 토끼, 다람쥐 등을 몇 마리나 보았는지 세어 보세요.
- 나무, 개울, 산책로 입구 등 특정한 장소까지 몇 걸음에 갈 수 있는지 세어 보세요.

 이렇게도 할 수 있어요!

- 자연 산책을 하며 무엇을 할지 생각해 보세요.
- 휴지 심을 목공풀로 붙여 만든 수제 쌍안경으로 흥미로운 것들을 찾아보세요.

 왜 그럴까요?

누구나 알 수 있듯이 자연으로 산책을 나가는 것은 오감을 자극하고 STEAM 개념을 간단하게 연습할 수 있는 아주 좋은 방법이에요. 따로 준비할 것도 거의 없어요!

95. 마음이 차분해지는 센서리 보틀

센서리 보틀(sensory bottle)은 모든 연령대의 아이들이 가지고 놀 수 있습니다. 불안한 마음이 들 때 센서리 보틀을 가지고 놀면 마음이 안정됩니다. 어린 아이들이 가지고 놀 기에 너무 작은 조각도 이 병 속에 넣으면 안전하게 움직임을 관찰할 수 있죠. 한번 만들어 두면 몇 년 동안 즐겁게 가지고 놀 수 있어요!

어른의 도움이 필요해요

준비물

- 물
- 500 mL 투명 물병
- 물풀 $\frac{2}{3}$ 컵 (160 mL)
- 조립 블록 45~50개
- 은색과 흰색 반짝이(없어도 괜찮아요.)
- 순간접착제(어른의 도움이 필요해요.)

이렇게 해 보세요!

❶ 병에 물을 반쯤 채우세요.

❷ 물풀을 넣으세요. 병 윗부분에 공간을 조금 남겨 두세요.

❸ 다양한 색깔의 조립 블록을 넣으세요. 반짝이를 넣고 싶으면 함께 넣으세요.

❹ 거의 꼭대기까지 물을 채웁니다. 뚜껑을 닫고 병을 흔들어 보세요.

❺ 장난감 조각과 반짝이가 병 속에서 천천히 움직이는 모습을 살펴보세요.

❻ 움직임이 전부 멈추거나 속도가 느려지면 병을 뒤집어 다시 움직이기 시작하는 모습을 지켜보세요!

❼ 병 속의 모양이 마음에 들면 뚜껑을 열고 병의 테두리에 순간접착제를 바르세요(어른의 도움이 필요해요.). 접착제를 바르자마자 뚜껑을 닫아 영구적으로 밀봉하세요.

 이렇게도 할 수 있어요!

- 집에 있는 다른 작은 물건으로도 센서리 보틀을 만들어 보세요. 물에 뜨는 물체와 가라앉는 물체를 함께 넣으면 병을 뒤집을 때마다 물건이 서로 지나쳐 가는 모습을 볼 수 있을 거예요.

- 주방용 세제, 옥수수 시럽 등 집에 있는 여러 가지 액체의 점도를 시험해 보세요.

 왜 그럴까요?

블록 조각이 액체 속에서 천천히 움직이는 것처럼 보이는 것은 물에 풀을 넣었기 때문이에요. 풀은 물보다 점도가 높아요. 점도에 따라 액체가 빨리 흐르기도 하고 느리게 흐르기도 하지요. 점도가 높을수록 액체는 느리게 흐릅니다.

96. 눈 가리고 맛 알아맞히기

미각은 매우 중요한 감각이에요. 미각을 통해 우리는 좋아하는 음식을 즐길 수 있고, 어떤 것이 매운맛인지 신맛인지 알 수 있어요. 미각만으로 음식의 맛을 잘 알아맞힐 수 있는지 시험해 볼까요?

준비물

- 눈가리개
- 음식을 맛볼 참가자
- 맛볼 음식(소금, 설탕, 레몬 조각, 오렌지 조각, 초콜릿, 당근, 피클, 감자칩, 크래커 등)

이렇게 해 보세요!

❶ 참가자의 눈을 가려 줍니다. 아니면 어른에게 눈을 가려 달라고 부탁하고 여러분도 참여하세요.

❷ 참가자에게 입을 벌리라고 말하고 음식을 입에 넣어 주세요.

❸ 음식을 맛볼 시간을 주고, 다음과 같이 물어보세요.

- 방금 먹은 음식이 무엇일까요?

- 먹은 음식의 맛이 단맛, 짠맛, 신맛, 쓴맛 중 어느 것인가요?

- 먹은 음식의 또 다른 특징은 무엇인가요? 바삭한가요? 쫄깃한가요?

❹ 참가자에게 음식을 맛보는 동안 코를 막아 보라고 하세요. 음식을 알아맞히기가 더 어려워지나요?

 이렇게도 할 수 있어요!

- 후각만으로 음식이나 물건을 알아맞혀 보세요.

 왜 그럴까요?

우리는 주로 미각으로 음식의 맛을 느끼지만 후각도 매우 중요한 역할을 해요. 미각과 후각은 함께 작용해 우리가 무엇을 먹고 있는지 알 수 있게 해 줍니다. 후각이 제거되면 미각은 단맛, 짠맛, 쓴맛, 신맛에만 집중하게 되죠. 그러면 음식을 알아맞히기가 훨씬 더 어려워집니다.

97. 발로 물건 알아맞히기

보통 촉각이라고 하면 손으로 만지는 것만 떠올립니다. 하지만 피부로 둘러싸인 우리 몸 전체가 촉각을 느낄 수 있어요. 발도 포함해서요. 발로 물건을 만지고 느껴 무슨 물건인지 알아맞혀 볼까요?

준비물

- 눈가리개
- 참가자
- 의자
- 흥미로운 모양과 촉감의 물건(빗, 레몬, 열쇠, 숟가락, 그릇, 날카롭지 않은 연필, 테니스공, 깃털, 면봉 등)

이렇게 해 보세요!

❶ 참가자에게 신발과 양말을 벗고 의자에 편안하게 앉으라고 한 다음 눈을 가려 주세요(여러분도 참여하고 싶다면 어른에게 눈을 가려 달라고 하세요.).

❷ 참가자가 물건을 미리 보지 않도록 주의하세요.

❸ 참가자의 발바닥에 물건을 갖다 대고 물건 전체를 느낄 수 있도록 이리저리 돌려주세요.

❹ 참가자에게 무엇이 느껴지는지 설명해 달라고 하세요. 어떤 물건인지 알아맞힐 수 있나요?

❺ 필요하다면 발가락이나 발의 다른 부분으로 느끼도록 해 주세요.

 이렇게도 할 수 있어요!

- 양말 안에 물건을 넣고 양말을 만져 보면서 무엇인지 알아맞혀 보세요. 모르겠나요? 그렇다면 양말 안에 손을 넣어서 만져 보세요.

 왜 그럴까요?

피부는 우리 몸에서 가장 큰 감각 기관이에요. 피부는 촉감, 온도, 압력 같은 자극을 받아요. 뜨거운 것과 접촉하면 피부의 수용체가 신경을 활성화해 뜨거운 것과 접촉하고 있다는 메시지를 뇌로 보내요. 피부에 가져다 대는 것만으로도 뜨거운지 차가운지를 알 수 있죠.

98. 클레이 동물

클레이는 생물과 구조물을 만들기에 아주 좋은 재료예요. 장난감 눈알, 빨대, 성냥개비 등을 클레이에 추가하면 놀라운 작품이 나올 거예요!

준비물

- 한 가지나 여러 가지 색 클레이
- 장난감 눈알
- 작게 자른 빨대
- 성냥개비

이렇게 해 보세요!

❶ 탁자 위에 넓은 공간을 마련한 다음 준비한 재료로 클레이 동물을 만드세요. 그게 다예요! 창의력을 발휘해서 무엇을 생각해 낼 수 있는지 알아보세요.

❷ 빨대, 성냥개비, 장난감 눈알을 클레이에 어떻게 붙일 수 있는지도 생각해 보세요.

❸ 어떻게 만들지 말해 보고, 지금 만들고 있는 동물에 대한 이야기도 지어내 보세요.

 이렇게도 할 수 있어요!

클레이 동물을 만든 재료(장난감 눈알은 빼고요.)로 동물 대신에 집이나 자동차 같은 구조물을 만들어 보세요.

 알고 있나요?

개방형 활동을 하면 문제 해결 능력과 창의력을 기를 수 있어요. 여러분이 만든 생물에 대한 이야기를 만들어 보면서 창의력과 복잡성을 더욱 개발할 수 있습니다.

99. 우블렉 올챙이

'우블렉'이란 옥수수 전분을 물과 섞어 만든 점성 물질을 말해요. 지구상에서 제일 멋진 액체랍니다! 대부분의 다른 액체와는 아주 다르게 움직여요. 이 활동에서는 우블렉에 사탕을 넣어서 꿈틀거리는 색깔 올챙이를 만들 거예요!

준비물

- 옥수수 전분(또는 감자 전분) 1컵(130 g)
- 물 $\frac{1}{2}$ 컵 (120 mL)
- 그릇 1개
- 숟가락이나 주걱 1개
- 얇은 쟁반
- 식용 색소
- 스키틀즈나 엠앤엠즈(M&M's) 같은 사탕

이렇게 해 보세요!

① 옥수수 전분과 물을 그릇에 넣고 숟가락으로 천천히 섞어 우블렉을 만드세요. 응어리 없이 잘 섞이면 우블렉이 완성된 것입니다.

② 너무 뻑뻑해 보이면 물을 더 넣으세요. 너무 묽어 보이면 (그리고 숟가락으로 떠냈을 때 떠낸 자국이 남지 않으면) 물기가 너무 많은 것이기 때문에 옥수수 전분을 더 넣어야 합니다.

③ 우블렉을 쟁반에 천천히 부으세요.

④ 사탕 몇 조각을 넣으세요. 사탕이 없으면 식용 색소 한 방울을 넣으세요.

⑤ 쟁반을 천천히 기울여 우블렉이 이리저리 움직이게 만들어 보세요.

 이렇게도 할 수 있어요!

우블렉을 가지고 놀아 보세요!

우블렉을 굴려서 공 모양으로 만든 다음 손바닥 위에 놓아 보세요. 공처럼 굴릴 땐 딱딱해졌다가 손바닥 위에 가만히 두면 다시 말랑말랑해져요. 정말 놀라운 일이죠!

 어떻게 될까요?

사탕에서 녹아 나온 색소가 우블렉 속에서 천천히 올챙이처럼 꿈틀거리기 시작해요!

 왜 그럴까요?

우블렉은 비뉴턴 유체입니다. 비뉴턴 유체는 일반적인 유체와는 매우 다르게 움직여요. 압력을 가하면 딱딱해지고 그대로 두면 다시 말랑말랑해져요.

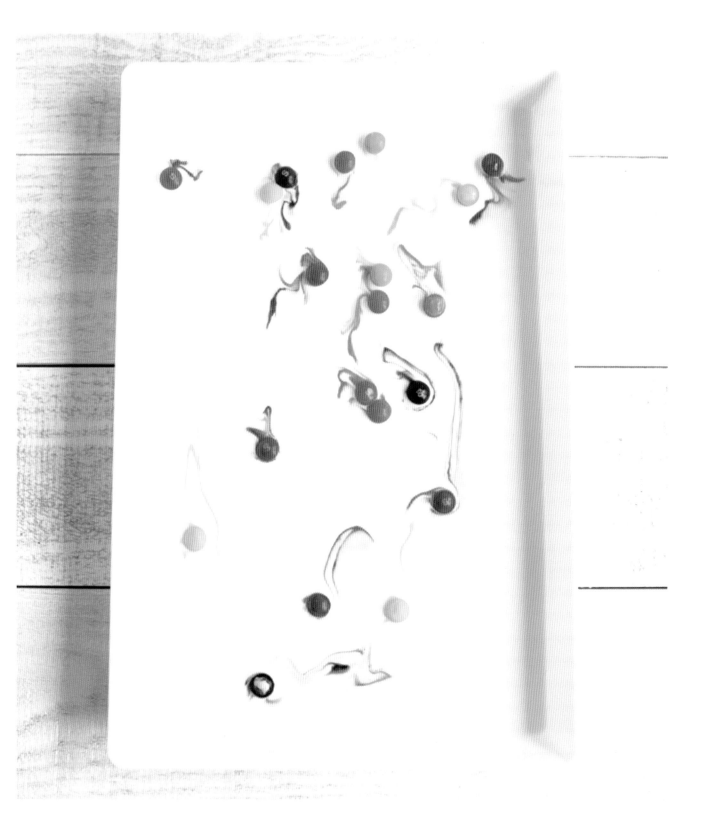

100. 맨손으로 비눗방울 만들기

비눗방울을 불어서 가지고 노는 것은 마법처럼 신기하고 재미있는 일이죠. 그런데 도구 없이 맨손으로도 비눗방울을 만들 수 있다는 사실을 알고 있나요? 재미있는 감각 활동을 하며 비눗방울이 어떻게 만들어지는지, 그리고 어떻게 맨손만으로 비눗방울을 만들 수 있는지 알아볼까요?

준비물

- 주방용세제 $2\frac{1}{2}$ 큰술(38 mL)
- 물 1컵(240 mL)
- 그릇 1개

이렇게 해 보세요!

① 그릇에 주방용 세제와 물을 섞어서 비눗방울 용액을 만드세요.

② 한 손을 이 용액에 담가 손 전체에 용액을 흠뻑 묻히세요.

③ 집게손가락과 엄지손가락을 붙여 100원짜리 동전 크기의 원을 만드세요(OK 사인을 만드는 것과 비슷해요.).

④ 그 상태로 손을 다시 한번 용액에 담갔다 뺀 후, 원 안에 생긴 막을 부드럽게 불어 주세요.

 이렇게도 할 수 있어요!

한 손으로 비눗방울을 만들고 다른 손의 손가락을 용액에 담갔다 꺼낸 다음 비눗방울을 찔러 보세요. 손가락이 통과해도 비눗방울이 터지지 않아요!

 어떻게 될까요?

- 비눗방울이 만들어져요. 나머지 손가락에도 용액이 묻어 있으면 비눗방울이 터지지 않을 거예요.
- 다른 손가락들이 커지는 비눗방울에 닿지 않도록 주의하세요.
- 손가락으로 만든 원이 망가지지 않게 조심하면서 손바닥을 뒤집어 하늘을 향하게 하세요. 비눗방울이 손바닥 위로 올라갈 거예요. 정말 놀랍죠!

 왜 그럴까요?

용액이 잔뜩 묻은 손가락이나 손으로 만져도 비눗방울은 터지지 않아요. 그래서 터뜨리지 않고 손바닥 위에 비눗방울을 올려 둘 수 있는 거예요.

색인 실험번호

계속 계속 하고 싶은 과학·미술 놀이

STEAM 100

1판 1쇄 인쇄 2023년 9월 25일
1판 1쇄 발행 2023년 9월 25일
지은이 앤드리아 스칼조 이 | **옮긴이** 오수원 | **발행인** 도영
디자인 손은실 | **편집 및 교정 교열** 하서린, 김미숙
발행처 솔빛길 등록 2012-000052
주소 서울시 마포구 동교로 142, 5층(서교동)
전화 02) 909-5517 | **팩스** 02) 6013-9348, 0505) 300-9348
이메일 anemone70@hanmail.net
copyright ⓒ Andrea Scalzo Yi
Photography by Chole La France Photography
Photography on pages 4, 64, 66, 69 by Andrea Scalzo yi
Photography on pages 14, 24, 25, 31, 38, 39, 55, 78, 79, 85, 102, 118, 134 도영
illust ⓒ Sashatigar/Shutterstock.com
ISBN 978-89-98120-94-8 03550

* 책값은 뒤표지에 있습니다.
* 파본은 구입처에서 교환해 드리며, 관련 법령에 따라 환불해 드립니다.